DEUTSCHE DEMOKRATISCHE REPUBLIK
DEUTSCHE AKADEMIE
DER LANDWIRTSCHAFTSWISSENSCHAFTEN
ZU BERLIN

VERÖFFENTLICHUNGEN

Stand: 1. Oktober 1967

Bestellungen

durch den Buchhandel oder direkt beim Leipziger Kommissions- und Großbuchhandel bzw. (Westdeutschland und Ausland) beim Deutschen Buch-Export und -Import Leipzig

Folgende Veröffentlichungen werden auch auf dem Tauschwege von der Landwirtschaftlichen Zentralbibliothek der Deutschen Akademie der Landwirtschaftswissenschaften zu Berlin, 108 Berlin, Krausenstraße 38/39, an andere wissenschaftliche Institutionen abgegeben:

Sitzungsberichte
Berichte und Vorträge
Jahrbücher
Tagungsberichte
Beiträge zur Geschichte der Landwirtschaftswissenschaften
Schriftenreihe für die landwirtschaftlichen Produktionsgenossenschaften (soweit vorhanden)
Archive
Der Deutsche Gartenbau
Deutsche Fischereizeitung

Die mit einem + gekennzeichneten Titel sind nicht im Buchhandel erhältlich.

Sitzungsberichte

Band I, 1952

Heft 1: SCHEUNERT, C. A.: Ernährungsprobleme der Gegenwart. 19 S. m. 4 Abb. – 1,50 MDN (vergriffen)

Heft 2: DOBBERSTEIN, J.: Die volkswirtschaftliche Bedeutung der Erkrankungen unserer Haustiere. 17 S. m. 6 Abb. – 1,50 MDN (vergriffen)

Heft 3: MEUSEL, H.: Die Aufgaben der Pflanzengeographie im Dienst der Landeskultur. 23 S. m. 9 Abb. im Text u. auf 4 Taf. – 1,60 MDN (vergriffen)

Heft 4: PETERSEN, A.: Albrecht Daniel THAER, eine kritische Würdigung zu seinem 200. Geburtstage. 25 S. – 1,50 MDN (vergriffen)

Heft 5: NEHRING, K.: Die Bedeutung der Milbenfrage in der Futtermittelwirtschaft. 9 S. m. 3 Abb. auf 1 Taf. – 1,50 MDN (vergriffen)

Heft 6: WUNDSCH, H. H.: Fütterungsfragen in der Teichwirtschaft. 12 S. – 1,50 MDN (vergriffen)

Heft 7: WUNDSCH, H. H.: Forschungsaufgaben der Gegenwart in unserer Fischwirtschaft. 24 S. – 1,50 MDN (vergriffen)

Heft 8: SCHULTZE, J. H.: Das Problem der natürlichen Landschaften und ihrer Kartierung in der Deutschen Demokratischen Republik. 23 S. m. 7 Abb. im Text u. auf 1 Taf. – 1,60 MDN (vergriffen)

Heft 9: RÖHRER, H.: Auf dem Wege zur Verhütung der Maul- und Klauenseuche. 16 S. – 1,50 MDN (vergriffen)

Heft 10: MÜSSEMEIER, F.: Grundsätzliches zur Tierseuchenbekämpfung. 19 S. – 1,50 MDN (vergriffen)

Heft 11: NEHRING, K.: Probleme der Eiweißforschung in der Tierernährung. 27 S. m. 13 Abb. im Text u. auf 2 Taf. – 1,60 MDN (vergriffen)

Band II, 1953

Heft 1: RITTER, K.; ROSENKRANZ, O.; RÜBENSAM, E.; LIEBENBERG, O.; SKODOWSKI, B.; ZACHMANN, R.; TIETZ, W.; GIBAS, F.; EUBE, P.; PLESCHER, A.: Die Bedeutung der Planung und Plankontrolle zur Steigerung der Rentabilität der Volkseigenen Güter. 64 S. – 2,00 MDN

Heft 2: KRÜGER, W.: Erfahrungen und Maßnahmen zur Bekämpfung der Rindertuberkulose. 26 S. – 1,60 MDN (vergriffen)

Heft 3: KLINKOWSKI, M.: Entwicklung und Problematik der pflanzlichen Virusforschung. 40 S. m. 24 Abb. im Text u. auf 10 Taf. – 2,00 MDN (vergriffen)

Heft 4: EHWALD, E.: Aufgaben und Methoden der forstlichen Standortskunde. 20 S. – 1,50 MDN (vergriffen)

Heft 5: RICHTER, A.: Wesen und Aufgaben forstwirtschaftsgeschichtlicher Lehre und Forschung. 20 S. – 1,50 MDN (vergriffen)

Heft 6: HEGER, A.: Über die Eigengesetzlichkeit in der Forstwirtschaft. 12 S. – 1,50 MDN

Heft 7: MITSCHERLICH, E. A.: Pflanzenphysiologisches zur Bodentextur und Bodenstruktur. 14 S. – 1,50 MDN

Band III, 1954

Heft 1: BAUMANN, H.: Über den Wasserhaushalt des kulturpflanzentragenden Standortes. 28 S. m. 18 Abb. im Text u. auf 4 Taf. – 1,80 MDN

Heft 2: KALWEIT, H.; BANDT, H.-J.; ORTLEB, W.; BAUMANN, H.: Verunreinigung der Wasserläufe in der Deutschen Demokratischen Republik, ihre Auswirkungen und Beseitigungsmöglichkeiten. 40 S. m. 2 Abb. – 1,80 MDN

Heft 3: THEILE, H.: Über die Bildung von abortus-bangfreien Beständen in Landwirtschaftlichen Produktionsgenossenschaften vom Typ III. 20 S. – 1,50 MDN (vergriffen)

Heft 4: HEINISCH, O.: Aktuelle Probleme der Zuckerrübenzüchtung. 27 S. m. 22 Abb. im Text u. auf 6 Taf. – 1,80 MDN

Heft 5: HOFFMANN, E.: Betriebswirtschaftliche Probleme der Mechanisierung in der Landwirtschaft. 30 S. m. 10 Abb. – 1,60 MDN (vergriffen)

Heft 6: TRÉNEL, M.: Über Kondensationsvorgänge im Boden. 30 S. m. 5 Abb. im Text u. auf 3 Taf. – 1,80 MDN

Heft 7: HOFFMANN, E.: Produktionskostenrechnung in der wirtschaftlichen Rechnungsführung. 21 S. – 1,50 MDN (vergriffen)

Heft 8: GROBBECKER, K.; BAIL, A.; DERLITZKI, G.; KRÜGER, J.; MOHS, G.; ROSENKRANZ, O; STOPPORKA, P.; TISMER, R.: Arbeitsgüte und Gütenormen bei Arbeiten in der Feldwirtschaft. 44 S. m. 19 Abb. – 1,80 MDN

Heft 9: BAUMANN, H.: Möglichkeiten der künstlichen Bewässerung. 29 S. m. 10 Abb. im Text u. auf 1 Taf. – 1,60 MDN (vergriffen)

Heft 10: DOBBERSTEIN, J.: Die Domestikationskrankheiten unserer Haustiere. 28 S. – 1,60 MDN (vergriffen)

Heft 11: HEY, A.: Stand und Aussichten der Pflanzenquarantäne im Kartoffelbau. 42 S. m. 23 Abb. im Text u. auf 8 Taf. – 1,80 MDN

Heft 12: OTTO, E.: Mast- und Schlachtergebnisse von Schafen bei zeitlich verschiedener Futterzuteilung. 32 S. m. 7 Abb. im Text u. auf 1 Taf. – 1,80 MDN

Heft 13: MÜSSEMEIER, F.: Der Einfluß äußerer und innerer Einwirkungen auf das Entstehen und den Verlauf der Tierseuchen. 25 S. – 1,50 MDN (vergriffen)

Heft 14: ATANASIU, N.: Das Wirkungsgesetz der Wachstumsfaktoren und seine Bedeutung für Forschung und Praxis in der Landwirtschaft. 19 S. m. 8 Abb. – 1,50 MDN (vergriffen)

Heft 15: SCHMALFUSS, K.: Über Fettbildung in Pflanzensamen. 21 S. m. 4 Abb. – 1,50 MDN

Heft 16: BAUMANN, H.: Zur Frage der Ertragsbildung auf dem Grünlande. 22 S. m. 4 Abb. im Text u. auf 1 Taf. – 1,50 MDN

Heft 17: KLINKOWSKI, M.: Die Antibiotika und ihre Bedeutung in der Phytopathologie. 35 S. m. 21 Abb. auf 16 Taf. – 2,00 MDN (vergriffen)

Heft 18: TORSTENSSON, G.: Stickstoff- und Schwefel-Verbindungen aus der Atmosphäre und ihre Bedeutung für die Pflanzen. 18 S. m. 7 Abb. im Text u. auf 4 Taf. – 1,50 MDN

Band IV, 1955

Heft 1: RICHTER, A.: Grundsätzliches zur wissenschaftlichen Arbeit (Rede anläßlich der Übernahme des Instituts für Forstwissenschaften Eberswalde). 15 S. - 1.50 MDN (vergriffen)

Heft 2: OBERDORF, F.: Pflanzengemeinschaften und Ertragssteigerung durch indirekte Leistungszüchtung. 25 S. m. 21 Abb. im Text u. auf 6 Taf. - 1,60 MDN

Heft 3: THEMLITZ, R.: Beitrag zur Wirkung von Hüttenkalken auf die Rohhumusumwandlung und das Wachstum von Kiefernsämlingen. 15 S. - 1,50 MDN

Heft 4: HOFFMANN, E.: Betriebswirtschaftliche Betrachtungen zu den Vollerntemaschinen. 21 S. - 1,50 MDN

Heft 5: BARTSCH, K.-H.: Einfluß von Jugendernährung, Haltung und Pflege auf Leistung und Typ beim Frankenrind. 39 S. m. 2 Abb. im Text u. auf 1 Taf. - 1,80 MDN

Heft 6: SCAMONI, A.: Über den gegenwärtigen Stand der forstlichen Vegetationskunde. 22 S. m. 2 Karten - 1,60 MDN

Heft 7: STOJANOFF, V.: Über die Buchenarten und die Eigenschaften des Buchenholzes in den Wäldern Bulgariens. 16 S. m. 4 Abb. - 1,50 MDN

Heft 8: COMBERG, G.: Konstitutionsprobleme der Haustiere im Blickfeld des Tierzüchters. 37 S. m. 15 Abb. - 1,80 MDN (vergriffen)

Heft 9: HEYDE, H.: Wissenschaftliche Verfahren bei der Landmaschinenprüfung. 39 S. m. 18 Abb. im Text u. auf 3 Taf. - 1,80 MDN

Heft 10: KÜHNAU, J.: Neuere Erkenntnisse über das Eiweißproblem in der menschlichen und tierischen Ernährung. 17 S. - 1,50 MDN (vergriffen)

Heft 11: STAHL, W.: Vom Blutbild der landwirtschaftlichen Nutztiere. 24 S. m. 1 Abb. - 1,50 MDN

Heft 12: EHWALD, E.: Über einige Grundfragen der bodenkundlichen Forschung. 24 S. - 1,50 MDN (vergriffen)

Heft 13: WAGENKNECHT, E.; HEGER, A.; RICHTER, A.; SCHÖNBACH, H.; ERTELD, W.; ZIEGER, E.; EHWALD, E.; HACHE, F.; BLANCKMEISTER, J.: Zur Abstimmung biologischer, technischer und wirtschaftlicher Erfordernisse in der Forstwirtschaft. 78 S. - 2,00 MDN

Heft 14: TRÉNEL, M.: Über Kondensationsvorgänge im Boden. 2. Mitteilung: Zur pflanzenphysiologischen Bedeutung des dampfförmigen Wassers im Boden. 23 S. m. 4 Abb. u. auf 1 Taf. - 1,50 MDN

Heft 15: EHRENBERG, P.: Forschungen zur Zuchtentwicklung des schweren Pferdes während des Schlußdrittels des letzten vorchristlichen Jahrtausends im Nahen und Fernen Osten. 19 S. - 1,50 MDN

Band V, 1956

Heft 1: HEINISCH, O.: Sortenmerkmale von Zucker-, Halbzucker- und Futterrüben im Stecklingsstadium, zugleich ein Beitrag zur Feldanerkennung von Beta-Rüben. 28 S. m. 17 Abb. im Text u. auf 1 Taf. - 1,80 MDN

Heft 2: BOLLMANN, H.: Grundwasserfragen im Rahmen der Landeskultur. 28 S. m. 12 Abb. im Text u. auf 2 Falttaf. - 1,80 MDN

Heft 3: SELKE, W.: Der Einfluß der zusätzlichen späten Stickstoffdüngung des Getreides auf Qualität und Ertrag der Ernteprodukte. 30 S. m. 4 Abb. - 1,60 MDN

Heft 4: BUCHWALD, K.; KRAGH, G.; MEUSEL, H.: Beiträge zur Frage der Beziehungen zwischen Landschaftsgestaltung und Naturschutz. 44 S. m. 4 Abb. im Text u. auf 1 Taf. - 2,00 MDN

Heft 5: MÄDE, A.: Über die Methodik der meteorologischen Geländevermessung. 25 S. m. 7 Abb. im Text u. auf 1 Taf. - 1,60 MDN

Heft 6: ARLAND, A.: Ein Beitrag zur Anwelkmethode. 55 S. m. 6 Abb. auf 3 Taf. u. 1 graph. Darst. - 2,00 MDN

Heft 7: ZIEGER, E.; ERTELD, W.; GÖHRE, K.: Probleme der Holzerzeugung und Holzverwendung. 39 S. - 1,80 MDN

Heft 8: BINDRICH, H.: Die Modifikation des Tollwutvirus. 14 S. - 1,50 MDN

Heft 9: SCHNEIDER, A.: Pflanzenphysiologische Grundlagen für die Qualitätsbeurteilung und Qualitätszüchtung von Erbsen. 29 S. m. 12 Abb. im Text u. auf 1 Taf. - 1,80 MDN

Heft 10: PAASCH, E.-W.: Kostenerwägungen zur Bestimmung der zweckmäßigen Weidebewirtschaftungsformen. 23 S. m. 4 Abb. - 1,50 MDN

Heft 11: VETTEL, F.: Stand der Qualitätszüchtung bei Weizen. 32 S. m. 12 Abb. im Text u. auf 6 Taf. - 1,80 MDN

Heft 12: EHWALD, E.: Über einige Probleme der forstlichen Humusforschung, insbesondere die Entstehung und die Einteilung der Waldhumusformen. 44 S. m. 1 Abb. - 1,80 MDN (vergriffen)

Heft 13: WUNDSCH, H. H.: Die Struktur der Fischereiwirtschaft und die Bonitierung unserer Fischgewässer. 22 S. - 1,50 MDN

Heft 14: HANSSON, A.: Der Einfluß der Aufzuchtintensität auf Körperentwicklung und Milchleistung. Nachkommenprüfung in der schwedischen Rinderzucht. 25 S. m. 2 Abb. - 1,50 MDN

Heft 15: KLINKOWSKI, M.: Probleme der Kartoffelpathologie. 17 S. m. 14 Abb. im Text u. auf 8 Taf. - 1,80 MDN (vergriffen)

Heft 16: SÖRGEL, G.: Die Problematik der bisherigen Vorstellungen über die Resistenz gegen pilzliche Krankheitserreger, erläutert am Beispiel der Fuß- und Fleckenkrankheit der Erbsen. 20 S. m. 14 Abb. im Text u. auf 2 Taf. - 1,60 MDN

Heft 17: POTEL, K.: Über das Encephalitisproblem bei Schweinepest. 15 S. - 1,50 MDN

Heft 18: NOLTE, H.-W.: Prognose und Warndienst zur Schädlingsbekämpfung im Rapsanbau. 28 S. m. 11 Abb. im Text u. auf 2 Taf. - 1,80 MDN

Heft 19: RITTER, K.: Muß ein großer Teil der Menschheit weiter hungern? 15 S. - 1,50 MDN

Heft 20: BETHMANN, W.: Zur biochemischen Keimprüfung. 32 S. m. 1 Abb. - 1,80 MDN

Heft 21: SEIFERT, A.: Tendenzen in der Entwicklung von Motoren für Ackerschlepper. 15 S. m. 23 Abb. im Text u. auf 8 Taf. - 1,80 MDN

Heft 22: ROSENKRANZ, O.: Einige Ergebnisse der Landarbeitsforschung und ihre Bedeutung für die Betriebsorganisation. 30 S. m. 4 Abb. im Text u. auf 1 Taf. - 1,80 MDN (vergriffen)

Heft 23: ZHUKOVSKY, P. M.: Die Entstehung der Kulturpflanzen. 33 S. m. 18 Abb. auf 8 Taf. – 1,80 MDN

Heft 24: SEDLMAYR, K.: Aktuelle Probleme der Zuckerrübenzüchtung. 18 S. m. 4 graph. Darst. – 1,50 MDN

Heft 25: ROSEGGER, S.: Organisation und Arbeit des Instituts für Landtechnik. 19 S. m. 6 Abb. auf 6 Taf. – 1,50 MDN (vergriffen)

Heft 26: BADEN, W.: Die heute vertretbaren Urbarmachungs- und Nutzungsverfahren auf Moor und Anmoor und die dafür erforderlichen stratigraphischen Vorarbeiten. 18 S. m. 10 Abb. im Text u. auf 5 Taf. – 1,60 MDN

Heft 27: MÜLLER, H.-J.: Zur Problematik der Blattlausresistenz landwirtschaftlicher Kulturpflanzen. 20 S. – 1,50 MDN

Heft 28: PETERSEN, A.: Bodenschätzung, Rohertragsbonitierung und Meliorationsbonitierung. 47 S. – 2,00 MDN (vergriffen)

Heft 29: SCHICK, R.: Methoden und Probleme der Kartoffelzüchtung. 40 S. m. 13 Abb. – 1,80 MDN (vergriffen)

Band VI, 1957

Heft 1: EHWALD, E.: Über den Nährstoffkreislauf des Waldes. 56 S. m. 10 Abb. im Text u. auf 1 Taf. – 2,00 MDN (vergriffen)

Heft 2: DOMSCH, M.: Überlegungen zur erfolgreichen Mechanisierung der Bodenbearbeitung. 24 S. m. 40 Abb. auf 15 Taf. – 1,80 MDN

Heft 3: SCHMAUDER, D.: Aufgaben und Forderungen der Landeskultur in standörtlich stark differenzierten Landschaften. Erläutert am Beispiel der Verhältnisse im Thüringer Becken. 16 S. m. 12 Abb. auf 6 Taf. – 1,60 MDN

Heft 4: SCHMIDT, H.: Über den Einsatz von Herbiziden im Hackfruchtbau und in Spezialkulturen. 31 S. – 1,60 MDN

Heft 5: BANDT, H.-J.: Die Vorfluterverpilzung und die Geschmacksbeeinflussung der Fische als Folgeerscheinungen von Abwässern. 20 S. – 1,50 MDN

Heft 6: VETTEL, F.: Züchtungsmethodische Fragen der Neu- und Erhaltungszüchtung bei Weizen, Gerste und Hafer. 39 S. m. 15 Abb. im Text u. auf 4 Taf. – 2,00 MDN

Heft 7: HOFFMANN, W.: Kälteresistenz und Kälteresistenzprüfung bei Wintergetreide. 37 S. m. 20 Abb. im Text u. auf 2 Taf. – 2,00 MDN

Heft 8: SCHIMMELPFENNIG, K.; HAHN, H.; DILLNER, E.; PIEL, H.: Zur Tuberkulosebekämpfung in den Rinderbeständen. 88 S. m. 12 Abb. – 2,00 MDN (vergriffen)

Heft 9: KOTÁTKO, H. G.: Zu einigen Fragen der sozialistischen Umgestaltung der Landwirtschaft und zu Problemen der landwirtschaftlichen Produktionsgenossenschaften in der ČSR. 18 S. – 1,50 MDN

Heft 10: STENTZEL, E. E.: Physiologie der Waldarbeit. 45 S. m. 35 Abb. im Text u. auf 2 Taf. – 2,00 MDN

Heft 11: MATTHIAS, D.: Zur Pathologie der Erythrozyten bei verschiedenen Viruskrankheiten. 18 S. m. 5 Abb. im Text u. auf 2 Taf. – 1,60 MDN

Band VII, 1958

Heft 1: NEHRING, K.; PLATIKANOW, N.; HERZIG, J.; SCHIEMANN, R.; KIELANOWSKI, J.; TOMME, M.; PALAMARU, E.: Das Problem der Futterbewertung und Futterwerteinheit. 64 S. – 2,00 MDN (vergriffen)

Heft 2: SCHICK, R.: 100 Jahre landwirtschaftliche Pflanzenzüchtung in Deutschland. 21 S. – 1,50 MDN (vergriffen)

Heft 3: SCHMALFUSS, K.: Fragen der organischen Düngung. 24 S. m. 2 Abb. – 1,50 MDN (vergriffen)

Heft 4: MEUSEL, H.; VESELY, J.; GOETEL, W.; GRIMM, H.: Beiträge zu Fragen des Naturschutzes. 57 S. m. 3 Abb. – 2,00 MDN (vergriffen)

Heft 5: BAUMANN, H.: Zu Fragen der Forschungsmethodik im Acker- und Pflanzenbau. 36 S. m. 10 Abb. – 1,80 MDN (vergriffen)

Heft 6: TRÉNEL, M.; PAGEL, H.: 27 000 Feldversuche und die Konstanz der Wirkungsfaktoren in der Exponentialfunktion nach MITSCHERLICH. 20 S. m. 3 Abb. – 1,50 MDN

Heft 7: SCHÄPERCLAUS, W.: Die Karpfenteichwirtschaft in der Deutschen Demokratischen Republik und ihre wissenschaftlichen Hauptprobleme. 32 S. m. 15 Abb. – 1,80 MDN (vergriffen)

Heft 8: BRÜCHER, H.: Beiträge zur Abstammung der Kulturkartoffel. 44 S. m. 6 Abb. auf 2 Taf. – 2,00 MDN

Heft 9: RICHTER, A.: Über Bedeutung und Anwendung von Stichprobeerhebungen in der Forstwirtschaft. 40 S. m. 33 Abb. – 1,80 MDN

Heft 10: NOLTE, H.-W.: Die Aktivierung der Larven zystenbildender Nematoden. 27 S. m. 4 Abb. – 1,60 MDN

Heft 11: NEHRING, K.: Aufbau und Aufgaben des Oskar-Kellner-Instituts für Tierernährung Rostock der Deutschen Akademie der Landwirtschaftswissenschaften zu Berlin. 30 S. m. 14 Abb. im Text u. auf 6 Taf. – 1,80 MDN

Heft 12: SCHÖNHERR, W.: Die kulturelle Typendifferenzierung der Tuberkulosebakterien. 12 S. m. 7 farb. Abb. auf 2 Taf. – 1,80 MDN

Heft 13: FRIEDRICH, G.; SCHRÖDER, H.; REINHOLD, J.: Probleme der Technik im Gartenbau. 39 S. m. 13 Abb. 1,80 MDN

Heft 14: HEINISCH, O.: Die Bedeutung der Biometrie für die Landwirtschaftswissenschaften im allgemeinen und für die Pflanzenzüchtung im besonderen. 45 S. m. 10 Abb. im Text u. auf 3 Taf. – 2,00 MDN (vergriffen)

Heft 15: NEHRING, K.; SCHIEMANN, R.; TOMME, M. F.; PLATIKANOW, N.; SKULMOWSKI, J.: Das Problem der Futterbewertung und Futterwerteinheit. II. 69 S. – 2,00 MDN (vergriffen)

Heft 16: JUNGES, W.: Zur Problematik des Zusammenhanges zwischen Entwicklung der Pflanze und klimatischer Umwelt unter besonderer Berücksichtigung der Stadientheorie. 56 S. m. 14 Abb. im Text. – 2,00 MDN

Heft 17: HEY, A.: Probleme und Perspektiven der Anwendung von Insektiziden im Pflanzenschutz. 25 S. – 1,60 MDN (vergriffen)

Heft 18: MÜLLER, H.: Die fischereiliche Nutzbarmachung der Restgewässer des Braunkohlenbergbaues. 40 S. m. 23 Abb. im Text u. auf 10 Taf. – 2,00 MDN

Band VIII, 1959

Heft 1: ERTELD, W.: Standort und Ertrag im Walde. 35 S. m. 15 Abb. – 1,80 MDN

Heft 2: RICHTER, A.: Aufgaben und Methoden standortgerechter Forsteinrichtung. 43 S. m. 16 Abb. – 1,80 MDN (vergriffen)

Heft 3: ROSENKRANZ, O.: Über den gegenwärtigen Stand der Entwicklung in den landwirtschaftlichen Produktionsgenossenschaften. 23 S. – 1,50 MDN

Heft 4: MICHAEL, G.: Über das Wahlvermögen der Pflanzen bei der Mineralstoffaufnahme. 32 S. m. 1 Abb. – 1,80 MDN

Heft 5: SCHMIDT, M.: Zur Problematik der Mechanisierung im Pflanzenschutz. 22 S. – 1,50 MDN

Heft 6: TAUBER, J.: Über die Dringlichkeit des Studiums der sozialen und kulturellen Verhältnisse in der tschechoslowakischen Landwirtschaft. 29 S. – 1,60 MDN

Heft 7: RITTER, K.: Zu einigen aktuellen Tendenzen und Widersprüchen in der kapitalistischen Landwirtschaft. 50 S. – 2,00 MDN

Heft 8: SACHTLEBEN, H.: Biologische Schädlingsbekämpfung. 34 S. – 1,80 MDN (vergriffen)

Heft 9: JAHNEL, H.; KRUEL, W.; RICHTER, D.: Über das biologische Gleichgewicht im Walde. 49 S. m. 4 Abb. – 2,00 MDN (vergriffen)

Heft 10: ZIZIN, N. W.: Darwin und einige Fragen der Biologie. 19 S. – 1,50 MDN

Heft 11: NEHRING, K.; PLATIKANOW, N.; TANGL, H.; SKULMOWSKI, J.; TOMME, M. F.: Das Problem der Futterbewertung und Futterwerteinheit. III. 86 S. m. 4 Abb. – 2,00 MDN (vergriffen)

Band IX, 1960

Heft 1: BLANCKMEISTER, J.: Die Problematik der Ertragssteigerung in der Forstwirtschaft im Vergleich zur Landwirtschaft. 44 S. m. 6 Abb. – 1,80 MDN

Heft 2: ENGEL, K.-H.; RAEUBER, A: Untersuchungen über die Beziehungen zwischen Phänometrie und Pflanzenzüchtung. 22 S. m. 9 Abb. – 1,50 MDN

Heft 3: RÜTHER, H.: Ergebnisse von Untersuchungen zu Fragen des Anbaues von Winterzwischenfrüchten im mitteldeutschen Raum. 26 S. m. 8 Abb. – 1,60 MDN

Heft 4: PEHL, K.-H.: Die Ferkelgrippe als Virusinfektion und ihre Prophylaxe. 21 S. m. 7 Abb. auf 2 Farbtaf. – 1,50 MDN

Heft 5: ELVERT, G.: Grundsätzliche Probleme der Ausarbeitung von Ökonomiken landwirtschaftlicher Produktionszweige. 39 S. – 1,80 MDN

Heft 6: WITTICH, W.; FIEDLER, H.-J.; KRAUSS, H.-H.: Möglichkeiten der Produktionssteigerung in der Forstwirtschaft durch Düngung und die sich daraus ergebenden Forschungsprobleme. 72 S. m. 21 Abb. im Text – 2,00 MDN

Heft 7: BOLLMANN, H.: Hydrologischer Vergleich der Trockenjahre 1934 bis 1959. 23 S. m. 10 Abb. – 1,60 MDN

Heft 8: BOROV, T.: Der bibliographische Dokumentationsdienst eines Institutes für Agrarökonomie und seine Zusammenarbeit mit den sozialistischen Staaten. 27 S. – 1,60 MDN

Heft 9: TAUBER, J.: Neue Aufgaben für die Zentralstelle zum Studium der Entwicklung der Landwirtschaft der Tschechoslowakischen Akademie der Landwirtschaftswissenschaften. 15 S. – 1,50 MDN

Heft 10: KAILA, A.: Über den Phosphorsäurekreislauf in der Landwirtschaft. 20 S. – 1,50 MDN

Heft 11: GRAČANIN, M.: Zum Roterdeproblem. 19 S. – 1,50 MDN

Heft 12: REINMUTH, E.: Probleme der Bodenhygiene. 22 S. – 1,50 MDN

Heft 13: FRIEDRICH, G.; REINHOLD, J.: Vorschläge für die Entwicklung des Obst- und Gemüsebaues bis zum Jahre 1975 in der Deutschen Demokratischen Republik. 54 S. – 2,00 MDN

Heft 14: MEUSEL, H.; OLBERTZ, M: Probleme der Flurneuordnung und der Entwicklung einer neuen Kulturlandschaft. 31 S. m. 2 Aufschlagtaf. – 2,00 MDN (vergriffen)

Band X, 1961

Heft 1: POLSTER, H.: Neuere Ergebnisse auf dem Gebiet der standortsökologischen Assimilations- und Transpirationsforschung an Forstgewächsen. 43 S. – 1,80 MDN

Heft 2: NEHRING, K.; PLATIKANOW, N.; PALAMARU, E.; TOMME, M. F.; SCHIEMANN, R.; HOVORKA, F.; HERZIG, J.: Das Problem der Futterbewertung und Futterwerteinheit. IV. 112 S. – 2,00 MDN (vergriffen)

Heft 3: SCHMIDT, M.: Bericht über bestimmte Arbeitsergebnisse der Arbeitsgemeinschaft „Unkrautbekämpfung“ und Einschätzung des Standes der Forschungs- und Entwicklungsarbeiten auf diesem Gebiet in der Deutschen Demokratischen Republik. 17 S. – 1,50 MDN

Heft 4: SCHICK, R.; ZIMMERMANN, K. F.; HEINISCH, O.; KRESS, H.: Leistungen und Aufgaben der Futterpflanzenzüchtung in der Deutschen Demokratischen Republik. 60 S. m. 5 Abb. – 2,00 MDN

Heft 5: SCHICK, R.; OBERDORF, F.; NEHRING, K.; SPECHT, G.; WERNER, K.; WEDEL, I.-M.: Aus der Arbeit der Forschungsgemeinschaft Mais. 92 S. m. 15 Abb. – 2,00 MDN

Heft 6: BOLLMANN, H.: Der Verlauf der Trockenperiode 1959/60 in der Deutschen Demokratischen Republik. 14 S. m. 8 Einschlagtaf. – 2,00 MDN

Heft 7: NOLTE, H.-W.: Die derzeitige Bedeutung und der Stand der Nematodenforschung im Weltmaßstab mit Schlußfolgerungen für die in der Deutschen Demokratischen Republik durchzuführenden Arbeiten und Maßnahmen auf diesem Gebiet. 24 S. m. 5 Abb. – 1,50 MDN

Heft 8: STEGER, H.: Über den Karotingehalt des Grünfutters und seine Beeinflussung durch Trocknung, Werbung, Lagerung und Konservierung. 32 S. m. 12 Abb. – 1,60 MDN

Heft 9: HUBRIG, Th.: Infektion, Immunität, Allergie am Beispiel Schweinerotlauf. 17 S. m. 8 Abb. – 1,50 MDN

Heft 10: EHWALD, E.: Aufgaben des Institutes für Bodenkunde der Deutschen Akademie der Landwirtschaftswissenschaften zu Berlin. 18 S. – 1,50 MDN

Heft 11: KORTÜM, Fr.: Über den Einfluß der Bestockung auf den Wasserhaushalt grundwasserferner, diluvialer Sand- und Lehmstandorte. 10 S. - 1,50 MDN

Heft 12: RICHTER, A.: Vom Sinn der Akademie in unserer Zeit. 19 S. - 1,50 MDN

Heft 13: BERGMANN, W.: Die Auswertung des II. Turnus der systematischen Bodenuntersuchung der Deutschen Demokratischen Republik und ihre Bedeutung für die Erhaltung und Mehrung der Bodenfruchtbarkeit. 59 S. m. 16 Abb. - 2,00 MDN

Heft 14: Autoren- und Sachverzeichnis. 1952, Band I - 1961, Band X. 22 S. - 1,50 MDN

Band XI, 1962

Heft 1: NEHRING, K.; SKULMOWSKI, J.; TANGL, H.; PALAMARU, E.; TOMME, M. F.; JANCARIK, A.; SCHIEMANN, R.; PLATIKANOW, N.; HERZIG, J.; REICHL, J.: Das Problem der Futterbewertung und Futterwerteinheit. V. 132 S. m. 15 Abb. - 2,00 MDN

Heft 2: STUBBE, H.; WOJAHN, E.: Asmus Petersen in memoriam. 19 S. - 1,50 MDN

Heft 3: ROSENKRANZ, O.: Ökonomik - Technologie - Maschinensysteme. 13 S. - 1,50 MDN

Heft 4: ROCHLITZER, J.; OLBERTZ, M. H.; HOLJEWILKEN, H.: Zu Problemen der Wasserwirtschaft und des Meliorationswesens. 50 S. m. 20 Abb. - 2,00 MDN

Heft 5: EHWALD, E.: Die Arbeit der Sektion Forstwesen 1952–1961. 50 S. - 2,00 MDN

Heft 6: HENKE, O.; MITTELSTÄDT, H.; MURAWSKI, H.: Zur Frostresistenz der Obstgehölze. 59 S. m. 9 Abb. - 2,00 MDN

Heft 7: WAGENKNECHT, E.: Rationalisierung des Waldbaus. 20 S. - 1,50 MDN

Heft 8: GRIMM, H.: Der erzieherische Weg zum Naturschutz über die Gesundheitslehre. 12 S. - 1,50 MDN

Heft 9: GERDES, G.: Organisation der wissenschaftlichen Arbeit und Aufgaben des Komplex-Insitutes für Beta-Rüben Kleinwanzleben. 12 S. - 1,50 MDN

Band XII, 1963

Heft 1: LITYNSKI, M.: Wissenschaftliche Arbeiten zur Problematik der Samenbiologie und Samenaufbewahrung in der Volksrepublik Polen. 34 S. m. 5 Abb. - 1,80 MDN

Heft 2: HENNIGER, H.; NOVER, I.; SCHMIEDEKNECHT, M.: Probleme der Resistenzphysiologie. 39 S. m. 8 Abb. - 1,80 MDN

Heft 3: NEHRING, K.; SCHIEMANN, R.: Beiträge zum Eiweißproblem. 58 S. m. 4 Abb. - 2,00 MDN (vergriffen)

Heft 4: GEISSLER, Th.: Die Frühgemüseproduktion unter Glas in der Deutschen Demokratischen Republik. 24 S. - 1,50 MDN

Heft 5: HOFFMANN, F.; GOLA, E.: Probleme der Jungtieraufzucht und Senkung der Tierverluste beim Schwein. 52 S. m. 17 Abb. - 2,00 MDN

Heft 6: NEUNDORF, R.; LIEBENBERG, O.: Probleme der Jungtieraufzucht und Senkung der Tierverluste beim Rind. 27 S. m. 1 Abb. u. 8 Abb. auf 2 Farbtaf. - 1,60 MDN

Heft 7: SCHWARZ, K.: Zur Auswahl und landwirtschaftlich-technisch rationellen Einrichtung künftiger Bewässerungsvorhaben. 24 S. m. 10 Abb. - 1,50 MDN.

Heft 8: VLČEK, K.; SIEGMUND, K.: Zu den Fragen der landwirtschaftlichen Information und Dokumentation. 29 S. - 1,60 MDN

Heft 9: FRIESSLEBEN, G.; OEHME, H.; EBERT, D.: Der Einfluß der Mechanisierung auf die Hackfruchterträge und daraus resultierende Forderungen an die Landtechnik. 36 S. m. 2 Abb. - 1,60 MDN

Heft 10: MÖHLMANN, H.: Verhütung von Infektionskrankheiten des Kalbes durch Kolostralmilch. 43 S. m. 7 Abb. u. 1 Abb. auf Einschlagtaf. - 2,00 MDN (vergriffen)

Heft 11: NEHRING, K.; SKULMOWSKI, J.; SANDEV, S.; CHOBANOW, D.; TANGL, H.; PALAMARU, E.; GONDOS, M.; PLATIKANOW, N.; HERZIG, J.; REICHL, J.; KOLAR, J.; SCHIEMANN, R.; BAINTNER, K.: Das Problem der Futterbewertung und Futterwerteinheit. VI. 116 S. m. 4 Abb. u. 1 Einschlagtaf. - 2,00 MDN

Heft 12: SCHMID, H.: Hilfe der Technik bei der Steigerung der Bodenfruchtbarkeit. 23 S. m. 15 Abb. - 1,50 MDN

Heft 13: ENGEL, K.-H.; UNGER, K.; MÄDE, A.; SCHILLING, G.; BIRKE, J.: Probleme der Ertragsbildung bei den Kulturpflanzen. 77 S. m. 33 Abb. - 2,00 MDN

Heft 14: EHWALD, E.: Zum Begriff und Wesen der Bodenfruchtbarkeit. 29 S. - 1,80 MDN (vergriffen)

Band XIII, 1964

Heft 1: SCHUMM, H.: Probleme der Jungviehaufzucht beim Schwein. 17 S. - 1,50 MDN

Heft 2: MÜLLER, G.: Die Entwicklung des westdeutschen Obst- und Gemüsebaus unter dem Einfluß der Europäischen Wirtschaftsgemeinschaft. 40 S. m. 3 Abb. - 1,80 MDN

Heft 3: ROSENKRANZ, O.: Über industriemäßige Produktion in der Landwirtschaft. 24 S. m. 3 Abb. - 1,50 MDN (vergriffen)

Heft 4: HEINIG, A.: Tot- und Lebendvirus-Impfstoffe zur Bekämpfung der Maul- und Klauenseuche (MKS). 18 S. - 1,50 MDN

Heft 5: GERDES, G.: Züchtungsmethodische Probleme in der *Beta*-Rüben-Züchtung. 54 S. m. 21 Abb. - 2,00 MDN

Heft 6: RAUHE, K.: Möglichkeiten des Humusersatzes durch Düngung und Pflanze. 26 S. m. 7 Abb. - 1,60 MDN

Heft 7: KLINKOWSKI, M.; KEGLER, H.; SCHMELZER, K.: Probleme der pflanzlichen Virusforschung. 59 S. m. 22 Abb. - 2,00 MDN

Heft 8: EHWALD, E.: Einige philosophische Probleme in der Bodenkunde. 30 S. - 1,80 MDN (vergriffen)

Heft 9: POLSTER, H.: Gasstoffwechselphysiologische Untersuchungen an Gehölzen zur Frage der Vitalität der Pflanze. 25 S. m. 9 Abb. – 1,60 MDN

Heft 10: SCHNEIDER, A.; MÜLLER, G.; WINKLER, H.; BERGMANN, W.: Möglichkeiten der Wuchsstoffanwendung in der Landwirtschaft. 56 S. m. 7 Abb. – 2,00 MDN

Heft 11: SEIFFERT, M.: Zur Problematik des Aufbaues von Vermehrungszentren für Saat- und Pflanzengut in der Deutschen Demokratischen Republik. 15 S. – 1,50 MDN

Heft 12: GERDES, G.; KLATT, F.: Steigerung der Erträge und der Arbeitsproduktivität in der Zuckerrübenerzeugung. 45 S. m. 5 Abb. – 1,80 MDN

Band XIV, 1965

Heft 1: MÜLLER, H.-J.: Die Biologischen Stationen der Deutschen Demokratischen Republik, ihre Aufgaben und Ergebnisse. 27 S. – 1,60 MDN (vergriffen)

Heft 2: DYHRENFURTH, K.: Aufgabenstellung und Bedeutung wissenschaftlich-technischer Konzeptionen für die landwirtschaftliche Perspektivplanung und bisherige Erfahrungen bei ihrer Ausarbeitung. Richtlinie zur Ausarbeitung und Verteidigung wissenschaftlich-technischer Konzeptionen für die wichtigsten Produktionszweige in der Landwirtschaft. 39 S. – 1,80 MDN

Heft 3: BARTHELMES, D.; MÜLLER, W.; STEFFENS, W.; BLUME, H.: Zu Fragen der Binnenfischerei. 36 S. m. 3 Abb. – 1,80 MDN

Heft 4: STUBBE, H.; KRESS, H.; LAU, D.; PORSCHE, W.; TOEPEL, E.; MÜLLER, H.: Zum Stand der Getreidezüchtung in der Deutschen Demokratischen Republik. 96 S. m. 17 Abb. – 2,00 MDN

Heft 5: FEHRMANN, W.: Wege zur industriemäßigen Produktion im Straßenobstbau. 16 S. – 1,50 MDN

Heft 6: SCHADEREIT, G.; LAUBE, W.; BOCK, H.-D.; NEHRING, K.; NERGE, I.: Anwendung mathematischer Methoden in der Tierernährung. 84 S. m. 4 Abb. – 2,00 MDN

Heft 7: DYHRENFURTH, K.: Wissenschaftlich-technische Konzeptionen – ein wichtiger Beitrag der Agrarwissenschaft zum „Neuen ökonomischen System“. 39 S. – 1,80 MDN

Heft 8: JENTZSCH, C.-D.; GOERTTLER, V.; KRAATZ, H.: Johannes Dobberstein in memoriam. 15 S. m. 1 Porträt – 1,50 MDN

Heft 9: BERGMANN, W.: Die Bedeutung der Nährstoffuntersuchungen der Böden für die Bodenfruchtbarkeit. 54 S. m. 7 Abb. – 2,00 MDN

Heft 10: NEHRING, K.; SCHIEMANN, R.; HOFFMANN, L.; SKULMOWSKI, J.; PALAMARU, E.; GONDOS, M.; NOJKOFF, D. W.; TANGL, H.; REICHL, J.; HOLEČEK, J.: Das Problem der Futterbewertung und Futterwerteinheit. VII. 127 S. m. 3 Abb. – 2,00 MDN (vergriffen)

Heft 11: SCHWARZ, K.; ROCHLITZER, J.: Probleme der Bewässerung in der Deutschen Demokratischen Republik. 51 S. m. 16 Abb. – 2,00 MDN (vergriffen)

Heft 12: EHWALD, E.: Die neue amerikanische Bodenklassifikation. 108 S. m. 5 Tab. u. 3 Umschlagtaf. – 2,00 MDN

Heft 13: GROSCHOFF, K.: Die Anwendung des Marxismus-Leninismus durch die SED in der Agrarfrage. 42 S. - 1,80 MDN

Heft 14: RÜBENSAM, E.: Aufgaben der Agrarwissenschaft als Produktivkraft. 41 S. - 1,50 MDN

Heft 15: GEYER, H. M.: Zu einigen Problemen der internationalen Beziehungen der Deutschen Demokratischen Republik auf wissenschaftlichem und kulturellem Gebiet. 19 S. - 1,50 MDN

Heft 16: SIEBERT, A.: Die Entwicklung der Agrarwissenschaft unter dem staatsmonopolistischen Kapitalismus Westdeutschlands. 21 S. - 1,50 MDN

Band XV, 1966

Heft 1: RAUHE, K.: Gedanken zur künftigen Gestaltung der Humusersatzwirtschaft im Rahmen industriemäßiger Produktionsmethoden. 30 S. m. 10 Abb. - 1,80 MDN

Heft 2: GRUNER, W.: Probleme der Meß-, Steuerungs- und Regelungstechnik in der Landwirtschaft. 28 S. m. 22 Abb. - 1,60 MDN

Heft 3: KÖNNECKE, G.: Fruchtfolgegestaltung unter den Bedingungen industriemäßiger Produktion und der Entwicklung von Kooperationsbeziehungen. 24 S. - 1,50 MDN

Heft 4: NEHRING, K.; WÜNSCHE, J.; BOCK, H.-D.; PLATIKANOW, N.; TOMME, M. F.; GAŽO, M.; JÉCSAI, J.; TANGL, H.; BĂIA, G.: Verbesserung der Eiweißversorgung der landwirtschaftlichen Nutztiere. 94 S. m. 2 Abb. - 2,00 MDN

Heft 5: SCHUBERT, E.; HUSSEIN, F.; SANDKE, G.; BISCHOFF, J.; GRÖSCHNER, P.: Probleme des Lagerverhaltens und Methoden zur Erfassung der Qualitätsmerkmale bei Obstsorten. 43 S. m. 10 Abb. - 1,80 MDN

Heft 6: WITTER, B.; BERGMANN, W.; LEHEIS, F.; GEY, S.; PETER, H.; KLEMM, K.-H.; GROSSE, H.; RZYMKOWSKI, P.; HAMMER, U.; SCHRAMEIER, R.; WAHL, H.: Ergebnisse und Auswertung des III. Turnus der systematischen Bodenuntersuchung der DDR 1961 bis 1965. 48 S. u. 8 Farbtaf. - 2,00 MDN

Heft 7: HANKE, P.: Zu einigen Fragen der Entwicklung und Organisation der Forschung. 27 S. - 1,60 MDN

Heft 8: SCHÖNHERR, W.: Die Bekämpfung chronischer Seuchen des Rindes unter besonderer Berücksichtigung der Euterkrankheiten. 14 S. - 1,50 MDN

Heft 9: KLINKOWSKI, M.: Forschungsergebnisse und Probleme der Phytopathologie. 48 S. m. 19 Abb. - 1,80 MDN

Heft 10: KULLMANN, A.: Zur Dynamik der Bodenaggregate und deren Beeinflussung durch einige organische Substanzen. 18 S. m. 8 Abb.

Heft 11: SCHWARZ, K.; OLBERTZ, M.: Aufgaben und Probleme der Meliorationsforschung. (In Vorbereitung)

Heft 12: KLEIBER, H.: Die weitere Entwicklung der Rinderhaltung unter besonderer Berücksichtigung technologischer und ökonomischer Fragen. 33 S. m. 3 Abb.

Heft 13: DAHSE, F.: Tendenzen und Möglichkeiten der Mechanisierung und Automatisierung in der Rinderhaltung.
KLAUS, K.: Zu einigen Fragen des Stallbaues, besonders hinsichtlich der Versuchsanlagen für Kühe.
AA, R. v. d.: Probleme der Tierhygiene in Rindergroßbeständen. 55 S. m. 17 Abb. - 2,00 MDN

Heft 14: SCHÖNMUTH, G.: Genetische Grundlagen der Rinderzüchtung. (In Vorbereitung)
LENSCHOW, J.: Probleme der Rinderzüchtung im Hinblick auf die Entwicklung des volkswirtschaftlichen Bedarfs und die Einführung industriemäßiger Produktionsmethoden.

Heft 15: MÜLLER, G.: Der Einfluß der Mineraldüngung auf den biologischen Kreislauf der Stoffe landwirtschaftlich genutzter Böden. 29 S. m. 1 Abb. - 1,80 MDN

Heft 16: EHWALD, E.: Probleme der Erfassung der Standortsverhältnisse der DDR und ihrer Auswertung. 35 S. u. Einschlagtabelle. - 1,80 MDN

Heft 17: MÖLLER, K.-H.: Stand und Aufgaben der Kartoffelzüchtung.
GALL, H.: Ursachen des verstärkten Auftretens von Knollenfäulen und Möglichkeiten ihrer Bekämpfung bzw. Verhütung.
HENNIGER, H.: Möglichkeiten und Probleme der Resistenzzüchtung gegenüber Knollenfäule-Erkrankungen der Kartoffel. (In Vorbereitung)

Heft 18: EHWALD, E.; LIEBEROTH, I.; SCHWANECKE, W.: Zur Systematik der Böden der DDR, besonders im Hinblick auf die Bodenkartierung. 95 S. u. 3 Tab. - 2,00 MDN

Heft 19: PIATKOWSKI, B.: Neue Erkenntnisse auf dem Gebiet der Ernährung junger Wiederkäuer. (In Vorbereitung)

Heft 20: LIEBENBERG, O.; SCHOLZ, K.: Probleme der Verhaltensforschung in der Tierzucht. (In Vorbereitung)

Heft 21: NEHRING, K.; SCHIEMANN, R.; HOFFMANN, L.; REICHL, J.; SKULMOWSKI, J.; GONDOS, M.; PALAMARU, E.; SAGHIN, F.; MAXIM, V.; WITCZAK, F.; MICH, W.; TANGL, H.; DENISOW, J.: Das Problem der Futterbewertung und Futterwerteinheit. VIII. 152 S. m. 6 Abb. - 2,00 MDN

Band XVI, 1967

Heft 1: MARTIN, A.; VETTERLEIN, R.; JANK, H.; RUPPRECHT, H.; STAHN, B.: Probleme bei der Steigerung der Produktion im Zierpflanzenbau. (In Vorbereitung)

Heft 2: GEISSLER, Th.; BAUMANN, E.; BLASSE, W.; WINKLER, G.: Maßnahmen zur Erhaltung und Steigerung der Bodenfruchtbarkeit auf gärtnerisch genutzten Flächen unter Berücksichtigung der Kooperationsbeziehungen und Dienstleistungseinrichtungen. (In Vorbereitung)

Heft 3: SCHUMM, H.; RICHTER, K.; OTTO, E.; SCHREMMER, H.: Zu Problemen der industriemäßigen Produktion unter Berücksichtigung der Kooperation und Verflechtung am Beispiel der Schweinefleischerzeugung. (In Vorbereitung)

Heft 4: KREIL, W.; KALTOFEN, H.: Fragen der Stickstoffdüngung des Graslandes. (In Vorbereitung)

Heft 5: HEY, A.: Probleme des chemischen Pflanzenschutzes bei der industriemäßigen Produktion in der Feldwirtschaft. (In Vorbereitung)

Heft 6: SCHILLING, G.; BERGMANN, W.; BEER, K.; NEUBERT, P.; RICHTER, D.; WITTER, B.: Aktuelle Probleme der Pflanzenernährung. (In Vorbereitung)

Berichte und Vorträge

I/1953: Festsitzung und Wissenschaftliche Tagung am 17. und 18. Oktober 1953 anläßlich des zweijährigen Bestehens der Akademie. Rechenschaftsbericht und Vorträge. 170 S. m. 17 Abb. – 5,55 MDN

II/1955: 2. Festsitzung und Wissenschaftliche Tagung. 17. bis 19. Oktober 1955 in Berlin. 272 S. m. 37 Abb. – 6,00 MDN

III/1957: 3. Festsitzung und Wissenschaftliche Tagung. 17. bis 18. Oktober 1957 in Berlin. 244 S. m. 19 Abb. – 6,50 MDN

IV/1959: 4. Festsitzung und Wissenschaftliche Tagung. 17. bis 18. Oktober 1959 in Berlin. 140 S. m. 4 Abb. – 4,25 MDN

V/1961: 5. Festsitzung und Wissenschaftliche Tagung. 10. bis 12. Oktober 1961 in Berlin. 284 S. m. 9 Abb. – 6,20 MDN

VI/1963: 6. Festsitzung und Wissenschaftliche Tagung. 7. bis 9. November 1963 in Berlin. 510 S. m. 44 Abb. u. 1 Einschlagtaf. – 16,20 MDN

Jahrbücher

1: Jahrbuch 1952. 244 S. – 11,50 MDN
2: Jahrbuch 1953/54. 422 S. – 17,80 MDN
3: Jahrbuch 1955/56. 555 S. – 11,65 MDN (vergriffen)
4: Jahrbuch 1957/58. 541 S. – 9,80 MDN
5: Jahrbuch 1959/60. 559 S. – 12,70 MDN
6: Jahrbuch 1961/62. 533 S. – 11,25 MDN
7: Jahrbuch 1963/64. 566 S. – 16,00 MDN (vergriffen)
8: Jahrbuch 1965/66. 356 S.

Tagungsberichte

Nr. 1: Pflanzenschutztagung in Berlin. 12. bis 14. März 1952. 1953. 164 S. m. 45 Abb. – 3,95 MDN (vergriffen)

Nr. 2: 2. Landtechnische Tagung der Sektion Landtechnik der Deutschen Akademie der Landwirtschaftswissenschaften zu Berlin am 10. und 11. Februar 1954 in Berlin. Vorträge. 1955. 133 S. m. 74 Abb. – 4,80 MDN (vergriffen)

Nr. 3: Bericht über die 7. Wanderversammlung Deutscher Entomologen. 8. bis 10. September 1954 in Berlin. 1955. 220 S. m. 96 Abb. u. 3 Taf. – 10,00 MDN

Nr. 4: Wissenschaftliche Tagung über Probleme der Steigerung der tierischen Produktion. 21. bis 23. Februar 1955 in Berlin. Vorträge und Diskussion. 1956. 414 S. m. 58 Abb. – 18,15 MDN

Nr. 5: Pflanzenschutzkongreß Berlin. 11. bis 16. Juli 1955. Kongreßbericht. 1956. 256 S. m. 74 Abb. – 8,90 MDN (vergriffen)

Nr. 6: Fragen der Geflügelhaltung. Neue wissenschaftliche Erkenntnisse. Tagungsbericht der erweiterten Sitzung der Sektion Tierzüchtung und Tierernährung der Deutschen Akademie der Landwirtschaftswissenschaften zu Berlin am 24. Februar 1956 in Berlin. 1956. 112 S. m. 27 Abb. – 3,25 MDN (vergriffen)

Nr. 7: Probleme der Mechanisierung der Hackfruchternte. Tagungsbericht der gemeinsamen Sitzung der Sektion Landtechnik der Deutschen Akademie der Landwirtschaftswissenschaften zu Berlin und der Sektion Elektrifizierung und Mechanisierung der Tschechoslowakischen Akademie der Landwirtschaftswissenschaften am 15. und 16. Dezember 1955 in Bad Schandau. 1956. 79 S. m. 45 Abb. – 1,20 MDN

Nr. 8: Probleme der Steigerung der tierischen Produktion. Vorträge und Diskussion der wissenschaftlichen Tagung vom 10. bis 12. Oktober 1956 in Berlin. 1957. 519 S. m. 49 Abb. – 15,95 MDN

Nr. 9: Vorträge der Wissenschaftlichen Jahrestagung 1956 des Instituts für Landtechnik Potsdam-Bornim der Deutschen Akademie der Landwirtschaftswissenschaften zu Berlin. 1957. 168 S. m. 132 Abb. – 6,10 MDN

Nr. 10: Vorträge der Tagung über künstliche Besamung des Instituts für Tierzuchtforschung Dummerstorf der Deutschen Akademie der Landwirtschaftswissenschaften zu Berlin vom 19. bis 21. September 1956 im Ostseebad Kühlungsborn. 1957. 116 S. m. 37 Abb. u. 1 Einschlagtaf. – 5,10 MDN

Nr. 11: Bericht über die 8. Wanderversammlung Deutscher Entomologen. 31. Mai bis 4. Juni 1957 in München. 1957. 192 S. m. 78 Abb. – 7,95 MDN

Nr. 12: Probleme der Däneneinzüchtung in das Harzvieh. Vorträge von der Sitzung der Sektion Tierzüchtung und Tierernährung der Deutschen Akademie der Landwirtschaftswissenschaften zu Berlin in Siptenfelde (Harz), 20. und 21. Mai 1957. 1958. 87 S. m. 18 Abb. – 4,15 MDN

Nr. 13: Probleme der Krümelstabilitätsmessung und der Krümelbildung. Vorträge und Diskussionsbeiträge der wissenschaftlichen Arbeitstagung am 10. und 11. Oktober 1957 im Institut für Acker- und Pflanzenbau Müncheberg der Deutschen Akademie der Landwirtschaftswissenschaften zu Berlin. 1958. 296 S. m. 96 Abb. – 11,75 MDN

Nr. 14: Probleme der Bewirtschaftung von Sandböden. Vorträge der wissenschaftlichen Arbeitstagung am 26. und 27. September 1957 im Institut für Acker- und Pflanzenbau Müncheberg der Deutschen Akademie der Landwirtschaftswissenschaften zu Berlin. 1958. 208 S. m. 44 Abb. – 8,00 MDN

Nr. 15: Vorträge der wissenschaftlichen Jahrestagung 1957 des Instituts für Landtechnik Potsdam-Bornim der Deutschen Akademie der Landwirtschaftswissenschaften zu Berlin. 1958. 140 S. m. 81 Abb. – 7,50 MDN

Nr. 16: Probleme des Grünlandes. Vorträge und Diskussionsbeiträge der internationalen wissenschaftlichen Tagung der Deutschen Akademie der Landwirtschaftswissenschaften zu Berlin. 16. und 17. Juni 1958 in Berlin. 1959. 260 S. m. 58 Abb. - 8,90 MDN

Nr. 17: Spinnmilben. Symposium des Instituts für Phytopathologie Aschersleben der Biologischen Zentralanstalt der Deutschen Akademie der Landwirtschaftswissenschaften zu Berlin am 9. und 10. Juli 1957 in Aschersleben. 1958. 112 S. m. 15 Abb. - 4,10 MDN

Nr. 18: Polyploidiezüchtung bei Futterpflanzen. Vorträge anläßlich eines Symposiums vom 23. bis 25. Juli 1957 im Institut für Pflanzenzüchtung Groß-Lüsewitz der Deutschen Akademie der Landwirtschaftswissenschaften zu Berlin. 1958. 122 S. m. 38 Abb. - 5,40 MDN

Nr. 19: Vorträge der Wissenschaftlichen Jahrestagung 1958 des Institus für Landtechnik Potsdam-Bornim der Deutschen Akademie der Landwirtschaftswissenschaften zu Berlin. 1959. 119 S. m. 79 Abb. - 5,00 MDN

Nr. 20: Über Fragen zur Züchtung nematodenwiderstandsfähiger Kartoffeln. Vorträge anläßlich eines Symposiums vom 14. bis 16. Juli 1958 im Institut für Pflanzenzüchtung Groß-Lüsewitz der Deutschen Akademie der Landwirtschaftswissenschaften zu Berlin. 1959. 188 S. m. 30 Abb. - 8,20 MDN

Nr. 21: Unkrauttagung der Biologischen Zentralanstalt Berlin der Deutschen Akademie der Landwirtschaftswissenschaften zu Berlin am 18. und 19. März 1959. 1960. 121 S. m. 39 Abb. - 5,90 MDN

Nr. 22: Vorträge der Wissenschaftlichen Jahrestagung 1959 des Instituts für Landtechnik Potsdam-Bornim der Deutschen Akademie der Landwirtschaftswissenschaften zu Berlin. 1959. 166 S. m. 161 Abb. - 8,80 MDN

Nr. 23: Probleme der Bioklimatologie und des Stallklimas bei der Rinder- und Schweinehaltung. Vorträge und Diskussionen eines Symposiums der Forschungsstelle für Tierhaltung Knau der Deutschen Akademie der Landwirtschaftswissenschaften zu Berlin, 28. bis 29. Mai 1959. 1960. 182 S. m. 32 Abb. - 7,70 MDN

Nr. 24: Vorträge anläßlich der 2. Tagung des Arbeitsausschusses für Zuckerrübenforschung der sozialistischen Länder vom 22. bis 24. September 1959 in Leipzig und Kleinwanzleben. 1960. 132 S. m. 31 Abb. - 5,50 MDN

Nr. 25: Probleme der Abwasserlandbehandlung. Vorträge der wissenschaftlichen Tagung am 9. und 10. September 1959 in Berlin. 1960. 150 S. m. 50 Abb. - 7,50 MDN

Nr. 26: Fragen der Ertragskunde und der Holzmeßkunde bei der Arbeit mit forstlichen Versuchsflächen. Vorträge anläßlich eines Symposiums vom 21. bis 28. September 1959 im Institut für Forstwissenschaften Eberswalde der Deutschen Akademie der Landwirtschaftswissenschaften zu Berlin. 1960. 175 S. m. 71 Abb. - 8,75 MDN

Nr. 27: Chemie und Biochemie der Solanum-Alkaloide. Vorträge und Diskussionsbeiträge des internationalen Symposiums der Deutschen Akademie der Landwirtschaftswissenschaften zu Berlin. Berlin 1959. 1961. 336 S. m. 100 Abb. - 14,25 MDN

Nr. 28: Probleme der Bodenbearbeitung. Vorträge und Diskussionsbeiträge der wissenschaftlichen Arbeitstagung vom 27. bis 29. August 1959 im Institut für Acker- und Pflanzenbau Müncheberg der Deutschen Akademie der Landwirtschaftswissenschaften zu Berlin. 1960. 316 S. m. 87 Abb. - 11,40 MDN

Nr. 29: Wissenschaftliche Tagung anläßlich des zehnjährigen Bestehens der Biologischen Zentralanstalt Berlin der Deutschen Akademie der Landwirtschaftswissenschaften zu Berlin am 16. Dezember 1959 in Kleinmachnow. Rechenschaftsbericht und Vorträge. 1960. 82 S. m. 26 Abb. - 4,15 MDN

Nr. 30: Probleme der Angewandten Ornithologie. Vorträge anläßlich der Tagung zum 50jährigen Bestehen der Vogelschutzwarte Seebach der Biologischen Zentralanstalt der Deutschen Akademie der Landwirtschaftswissenschaften zu Berlin in Verbindung mit der Tagung der Internationalen Union für Angewandte Ornithologie in Seebach, Kreis Mühlhausen, am 3. und 4. Mai 1959. 1960. 125 S. m. 37 Abb. - 6,85 MDN

Nr. 31: Vorträge der Wissenschaftlichen Jahrestagung 1960 des Instituts für Landtechnik Potsdam-Bornim der Deutschen Akademie der Landwirtschaftswissenschaften zu Berlin. 1961. 154 S. m. 154 Abb. - 8,30 MDN

Nr. 32: Über Fragen der Züchtung landwirtschaftlich genutzter Cruciferen. Vorträge anläßlich eines Symposiums vom 6. bis 8. Juli 1959 im Institut für Pflanzenzüchtung Groß-Lüsewitz der Deutschen Akademie der Landwirtschaftswissenschaften zu Berlin. 1960. 168 S. m. 41 Abb. - 7,85 MDN

Nr. 33: 40 Jahre Institut für Phytopathologie Aschersleben. Vorträge anläßlich der Feier am 23. und 24. Juni 1960 in Aschersleben. Biologische Zentralanstalt der Deutschen Akademie der Landwirtschaftswissenschaften zu Berlin. Institut für Phytopathologie Aschersleben. 1961. 258 S. m. 102 Abb. - 11,25 MDN

Nr. 34: Betriebs- und arbeitsökonomische Probleme der Landwirtschaft der DDR und der Beitrag der Forschungsstelle für Landarbeit Gundorf zu ihrer Lösung. Wissenschaftliche Vortragstagung vom 13. bis 15. Oktober 1960 des Instituts für landwirtschaftliche Betriebs- und Arbeitsökonomik Gundorf der Deutschen Akademie der Landwirtschaftswissenschaften zu Berlin anläßlich des zehnjährigen Bestehens. 1961. 165 S. m. 29 Abb. - 5,70 MDN

Nr. 35: Physiologische Probleme im Obstbau. Internationales Symposium im Institut für Gartenbau Dresden-Pillnitz der Deutschen Akademie der Landwirtschaftswissenschaften zu Berlin vom 29. August bis 2. September 1960. 1962. 235 S. m. 82 Abb. - 11,80 MDN

Nr. 36: Aktuelle Fragen der Maul- und Klauenseuche- und Schweinepestforschung. Vorträge anläßlich eines Symposiums am 8. und 9. Oktober 1960 zur Feier des 50jährigen Bestehens des Friedrich-Loeffler-Instituts Insel Riems der Deutschen Akademie der Landwirtschaftswissenschaften zu Berlin. 1961. 279 S. m. 77 Abb. - 15,70 MDN

Nr. 37: Beiträge zur Jagd- und Wildforschung I. Vorträge der 7. Tagung der Arbeitsgemeinschaft für Jagd- und Wildforschung am 14. und 15. Januar 1961 in Gatersleben. 1961. 77 S. m. 29 Abb. - 4,00 MDN (vergriffen)

Nr. 38: Probleme der Offenstallhaltung bei Rindern. Vorträge und Diskussionen eines internationalen Symposiums der Deutschen Akademie der Landwirtschaftswissenschaften zu Berlin. 20. bis 22. September 1960 in Berlin. 1961. 141 S. m. 44 Abb. - 6,00 MDN

Nr. 39: Probleme der Steigerung der Milchleistung sowie der Milchinhaltsstoffe. Vorträge und Diskussionen anläßlich eines Symposiums der Deutschen Akademie der Landwirtschaftswissenschaften zu Berlin vom 22. bis 24. Juni 1960 in Markkleeberg. 1961. 271 S. m. 47 Abb. - 10,40 MDN

Nr. 40: Vorträge der Wissenschaftlichen Jahrestagung 1961 des Instituts für Landtechnik Potsdam-Bornim der Deutschen Akademie der Landwirtschaftswissenschaften zu Berlin. 1961. 144 S. m. 115 Abb. - 7,80 MDN

Nr. 41: Hemmung und Förderung phytopathogener Mikroorganismen im Boden. Symposium des Institus für Phytopathologie Aschersleben der Biologischen Zentralanstalt der Deutschen Akademie der Landwirtschaftswissenschaften zu Berlin vom 23. bis 25. März 1961 anläßlich des zehnjährigen Bestehens der Deutschen Akademie der Landwirtschaftswissenschaften zu Berlin. 1961. 154 S. m. 31 Abb. - 7,10 MDN

Nr. 42: I. Internationale Arbeitstagung der Arbeitsgemeinschaft „Toxikologie von Pflanzenschutzmitteln" der Deutschen Akademie der Landwirtschaftswissenschaften zu Berlin vom 28. bis 30. November 1960 in Berlin. 1962. 159 S. - 5,95 MDN

Nr. 43: Jugendernährung beim Rind. Bericht über die 2. Arbeitstagung im Rahmen der internationalen Kommission für die Koordinierung der Arbeit auf dem Gebiet der landwirtschaftlichen Forschung vom 23. bis 25. November 1960 im Institut für Tierzuchtforschung Dummerstorf der Deutschen Akademie der Landwirtschaftswissenschaften zu Berlin. 1961. 144 S. m. 11 Abb. - 7,00 MDN

Nr. 44: Über Fragen der organischen und mineralischen Düngung auf Sandböden. Vorträge der internationalen wissenschaftlichen Arbeitstagung vom 22. bis 24. Juni 1961 im Institut für Acker- und Pflanzenbau Müncheberg der Deutschen Akademie der Landwirtschaftswissenschaften zu Berlin anläßlich des zehnjährigen Bestehens des Instituts Müncheberg und der Deutschen Akademie der Landwirtschaftswissenschaften zu Berlin. 1962. 295 S. m. 46 Abb. - 11,35 MDN

Nr. 45: Bericht über die 9. Wanderversammlung Deutscher Entomologen 6. bis 8. Juni 1961 in Berlin. 1962. 336 S. m. 93 Abb. und auf 2 Taf. - 9,80 MDN

Nr. 46: Fragen der Zusatzbelichtung im Gemüsebau unter Glas. Vorträge, gehalten auf dem Internationalen wissenschaftlichen Symposium am 24. November 1960 im Institut für Gartenbau Großbeeren der Deutschen Akademie der Landwirtschaftswissenschaften zu Berlin. 1962. 142 S. m. 105 Abb. - 7,20 MDN

Nr. 47: Probleme der Maiszüchtung. Vorträge anläßlich eines Symposiums vom 15. bis 18. August 1961 in Bernburg zum zehnjährigen Bestehen der Deutschen Akademie der Landwirtschaftswissenschaften zu Berlin, veranstaltet vom Institut für Pflanzenzüchtung Bernburg der Akademie in Verbindung mit dem Arbeitskreis „Maiszüchtung in den Ländern des Rates für Gegenseitige Wirtschaftshilfe". 1962. 235 S. m. 33 Ab. - 9,55 MDN

Nr. 48: Fragen der Pflanzenzüchtung und Pflanzenphysiologie. Vorträge anläßlich eines Symposiums vom 24. bis 26. Juli 1961 im Institut für Pflanzenzüchtung Groß-Lüsewitz der Deutschen Akademie der Landwirtschaftswissenschaften zu Berlin. 1962. 187 S. m. 73 Abb. und 1 Taf. - 7,50 MDN

Nr. 49: Leukose des Rindes. Vorträge und Diskussionen einer Tagung der Sektion Veterinärmedizin der Deutschen Akademie der Landwirtschaftswissenschaften zu Berlin gemeinsam mit ihrer Arbeitsgemeinschaft für Klinische Veterinärmedizin am 30. und 31. Mai 1961 im Friedrich-Loeffler-Institut Insel Riems. 1961. 86 S. m. 31 Abb. - 3,85 MDN

Nr. 50: Ernährung der Waldbäume und Forstdüngung. Vorträge der Tagung der Arbeitsgemeinschaft Forstdüngung vom 2. bis 4. Oktober 1961 anläßlich des zehnjährigen Bestehens der Deutschen Akademie der Landwirtschaftswissenschaften zu Berlin. 1962. 236 S. m. 47 Abb. - 12,00 MDN

Nr. 51: Pflanzenschutz im Gemüsebau. Symposium des Instituts für Phytopathologie Aschersleben der Biologischen Zentralanstalt der Deutschen Akademie der Landwirtschaftswissenschaften zu Berlin am 21. und 22. Juni 1961 anläßlich des zehnjährigen Bestehens der Deutschen Akademie der Landwirtschaftswissenschaften zu Berlin. 1962. 110 S. m. 18 Abb. - 4,70 MDN

Nr. 52: Probleme der rationellen Bewirtschaftung von Dauerweiden. Vorträge und Diskussionsbeiträge der internationalen wissenschaftlichen Koordinierungstagung am 5. und 6. Juni 1961 in Berlin. 1962. 230 S. m. 39 Abb. - 9,10 MDN

Nr. 53: Probleme der Waldökologie unter besonderer Berücksichtigung der Fichtenwirtschaft im Mittelgebirge. Vorträge anläßlich eines Symposiums vom 1. bis 7. Oktober 1961 im Institut für Forstwissenschaften Tharandt der Deutschen Akademie der Landwirtschaftswissenschaften zu Berlin. 1962. 198 S. m. 79 Abb. - 11,40 MDN

Nr. 54: II. Internationale Arbeitstagung der Arbeitsgemeinschaft „Toxikologie von Pflanzenschutzmitteln" der Deutschen Akademie der Landwirtschaftswissenschaften zu Berlin vom 1. bis 2. Nov. 1961 in Berlin. 1962. 112 S. m. 4 Abb. - 2,95 MDN

Nr. 55: Beiträge zur Jagd- und Wildforschung II. Vorträge der 8. Tagung der Arbeitsgemeinschaft für Jagd- und Wildforschung am 12. und 13. Januar 1962 in Gatersleben. 1962. 114 S. m. 22 Abb. - 4,65 MDN

Nr. 56: Über die Mikronährstoffversorgung der Böden. Symposium anläßlich des 100jährigen Bestehens des Instituts für Landwirtschaftliches Versuchs- und Untersuchungswesen Jena der Deutschen Akademie der Landwirtschaftswissenschaften zu Berlin bzw. der ehemaligen Landwirtschaftlichen Versuchsstation Jena am 2. und 3. Juli 1962 in Jena. 1962. 152 S. m. 25 Abb. - 8,50 MDN

Nr. 57: Tierärztliche Probleme bei der Haltung landwirtschaftlicher Nutztiere in Großbeständen. Vorträge und Diskussionen anläßlich eines Symposiums der Sektion Veterinärmedizin der Deutschen Akademie der Landwirtschaftswissenschaften zu Berlin am 5. und 6. Oktober 1961. 1962. 110 S. m. 5 Abb. - 7,75 MDN

Nr. 58: Bau und Betrieb von Gewächshauswirtschaften für den Frühgemüsebau. Vorträge, gehalten auf der gemeinsamen Tagung der Sektion Gartenbau der Deutschen Akademie der Landwirtschaftswissenschaften zu Berlin und des Fachunterausschusses „Gewächshäuser und Frühbeete" der Kammer der Technik vom 20. bis 21. September 1961 in Erfurt. 1962. 176 S. m. 81 Abb. - 9,70 MDN

Nr. 59: Probleme der Rinder- und Schweinehaltung. Vorträge und Diskussionen eines Symposiums des Instituts für Tierhaltung Knau der Deutschen Akademie der Landwirtschaftswissenschaften zu Berlin vom 25.–27. Sept. 1962. 1963. 178 S. m. 33 Abb. - 8,80 MDN

Nr. 60: Bedeutung und Möglichkeiten der Faunistik und Ökologie für Landschaftspflege und Naturschutz. Vorträge der Erweiterten Sitzung der Ständigen Kommission für Landschaftspflege und Naturschutz der Deutschen Akademie der Landwirtschaftswissenschaften zu Berlin am 28. und 29. November 1962 in Berlin. 1964. 127 S. m. 11 Abb. - 5,40 MDN

Nr. 61: Beiträge zur Jagd- und Wildforschung III. Vorträge der 9. Tagung der Arbeitsgemeinschaft für Jagd- und Wildforschung am 11. und 12. Januar 1963 in Gatersleben. 1963. 95 S. m. 34 Abb. - 5,25 MDN

Nr. 62: Über den Einfluß von Umweltbedingungen auf die Wirkung von chemischen Pflanzenschutzmitteln. Symposium der Biologischen Zentralanstalt Berlin der Deutschen Akademie der Landwirtschaftswissenschaften zu Berlin vom 1. bis 3. Oktober 1962 in Magdeburg. 1964. 303 S. m. 43 Abb. - 16,90 MDN

Nr. 63: Probleme der Tierernährung. Vorträge und Diskussionen des erweiterten Colloquiums anläßlich des zehnjährigen Bestehens des Oskar-Kellner-Instituts für Tierernährung Rostock der Deutschen Akademie der Landwirtschaftswissenschaften zu Berlin. 1964. 223 S. m. 26 Abb. - 11,50 MDN (vergriffen)

Nr. 64: Probleme der Eiweißanalytik. Vorträge und Diskussionen eines Symposiums im Oskar-Kellner-Institut für Tierernährung Rostock der Deutschen Akademie der Landwirtschaftswissenschaften zu Berlin vom 11. bis 12. November 1963. 1964. 76 S. m. 22 Abb. - 5,30 MDN (vergriffen)

Nr. 65: Physiologische Probleme im Obstbau. 2. Internationales Symposium im Institut für Obst- und Zierpflanzenbau Dresden-Pillnitz der Deutschen Akademie der Landwirtschaftswissenschaften zu Berlin vom 2. bis 4. Oktober 1963. 1964. 323 S. m. 113 Abb. - 15,50 MDN

Nr. 66: Düngung und Melioration in der Forstwirtschaft. Vorträge einer Tagung der Arbeitsgemeinschaft Forstdüngung vom 29. bis 30. Oktober 1963 im Rahmen des dies academicus der Fakultät für Forstwirtschaft Tharandt der Technischen Universität Dresden. 1964. 247 S. m. 82 Abb. - 17,15 MDN

Nr. 67: Probleme der Verhaltensforschung bei Rind und Schwein. Internationales Kolloquium der Institute für Tierhaltung Knau der Deutschen Akademie der Landwirtschaftswissenschaften zu Berlin und für Tierzucht und Milchwirtschaft der Karl-Marx-Universität Leipzig am 6. 12. 1963 in Leipzig. 1964. 38 S. - 2,50 MDN

Nr. 68: Die Varianzanalyse in der Landwirtschaft. Seminar für die wissenschaftlichen Mitarbeiter der Deutschen Akademie der Landwirtschaftswissenschaften zu Berlin im November 1963 in Berlin. 1964. 128 S. m. 9 Abb. - 9,50 MDN

Nr. 69: Möglichkeiten der Beurteilung von Auslesebäumen der Forstpflanzenzüchtung. Vorträge eines internationalen Symposiums des Instituts für Forstpflanzenzüchtung Graupa, Zweigstelle Waldsieversdorf, der Deutschen Akademie der Landwirtschaftswissenschaften zu Berlin vom 2. bis 6. 12. 1963 in Waldsieversdorf. 1965. 199 S. m. 62 Abb. - 13,85 MDN

Nr. 70: Neue Ergebnisse zur Leistungssteigerung in der Rinder- und Schweinezucht. Vorträge einer wissenschaftlichen Tagung anläßlich des 25jährigen Bestehens des Instituts für Tierzuchtforschung Dummerstorf der Deutschen Akademie der Landwirtschaftswissenschaften zu Berlin. Rostock, 2. bis 4. Juni 1964. 1965. 258 S. m. 59 Abb. - 14,80 MDN

Nr. 71: Beiträge über neue Forschungsergebnisse in der Unkrautbekämpfung. Internationale wissenschaftliche Tagung der Biologischen Zentralanstalt Berlin der Deutschen Akademie der Landwirtschaftswissenschaften zu Berlin vom 29. Juni bis 3. Juli 1964 in Berlin. 1966. 181 S. m. 16 Abb. - 10,20 MDN

Nr. 72: Fruchtfolgegestaltung unter Berücksichtigung der Konzentration und Spezialisierung der landwirtschaftlichen Produktion. Vorträge und Diskussionen zum internationalen Symposium des Instituts für Acker- und Pflanzenbau Müncheberg und der Arbeitsgemeinschaft „Fruchtfolgen" der Deutschen Akademie der Landwirtschaftswissenschaften zu Berlin vom 30. Juni bis 3. Juli 1964 in Müncheberg. 1966. 338 S. m. 109 Abb. - 31,40 MDN

Nr. 73: Vorträge anläßlich der Tagung des Arbeitsausschusses für Zuckerrübenforschung der sozialistischen Länder vom 8. bis 10. September 1964 in Kleinwanzleben. 1966. 172 S. m. 23 Abb. - 11,50 MDN

Nr. 74: Biochemische Probleme der kranken Pflanze. Vorträge eines Symposiums im Institut für Phytopathologie Aschersleben der Deutschen Akademie der Landwirtschaftswissenschaften zu Berlin vom 19. bis 21. August 1964. 1965. 348 S. m. 95 Abb. - 29,50 MDN

Nr. 75: Aktuelle Probleme der Kiefernwirtschaft. Internationales Symposium des Instituts für Forstwissenschaften Eberswalde der Deutschen Akademie der Landwirtschaftswissenschaften zu Berlin vom 28. September bis 3. Oktober 1964 in Eberswalde. (In Vorbereitung)

Nr. 76: Chemie in der Landwirtschaft. Vorträge einer wissenschaftlichen Sektionstagung vom 8. bis 10. März 1965 im Rahmen des wissenschaftlichen Kongresses anläßlich der Jubiläumsmesse „800 Jahre Leipziger Messe" vom 6. bis 11. März 1965 in Leipzig, veranstaltet vom Forschungsrat der Deutschen Demokratischen Republik und der Kammer der Technik. (In Vorbereitung)

Nr. 77: Probleme der Masthuhnzüchtung und Broilerproduktion. Internationales Symposium des Instituts für Geflügelzucht Rottenau der Deutschen Akademie der Landwirtschaftswissenschaften zu Berlin vom 13. bis 15. Oktober 1964 in Magdeburg und Rottenau. 1966. 132 S. m. 26 Abb. - 9,00 MDN

Nr. 78: Beiträge zur Jagd- und Wildforschung IV. Vorträge der 11. Tagung der Arbeitsgemeinschaft für Jagd- und Wildforschung am 8. und 9. Januar 1965 in Gatersleben. 1965. 180 S. m. 96 Abb. - 7,90 MDN

Nr. 79: Untersuchungen zum Problem der Ertragsrelationen zwischen einigen landwirtschaftlichen Fruchtarten in Abhängigkeit von den Standortbedingungen. Vorträge aus den Sitzungen der Sektion Acker- und Pflanzenbau sowie Pflanzenschutz der Deutschen Akademie der Landwirtschaftswissenschaften zu Berlin am 8. Oktober und 12. November 1964. 1966. 102 S. m. 7 Abb. u. 4 Einschlagtaf. - 8,35 MDN

Nr. 80: Bericht über die Entomologische Tagung (mit internationaler Beteiligung), 10. Wanderversammlung Deutscher Entomologen, vom 15. bis 19. September 1965 in Dresden. (In Vorbereitung)

Nr. 81: Probleme der Fleckviehzucht. Vorträge der I. Internationalen Fachtagung des Instituts für Tierzucht und Tierhaltung Clausberg der Deutschen Akademie der Landwirtschaftswissenschaften zu Berlin und der VVB Tierzucht Paretz vom 28. September bis 1. Oktober 1965 in Eisenach. 1966. 132 S. m. 45 Abb. - 12,35 MDN

Nr. 82: Wissenschaftliche Veranstaltungen der Deutschen Akademie der Landwirtschaftswissenschaften zu Berlin anläßlich der 13. Landwirtschaftsausstellung der DDR vom 2. bis 6. Juli 1965 in Leipzig.
Teil I: Wissenschaftliche Tagung und Arbeitskreis Agrarökonomik. 1966. 138 S. m. 20 Abb. - 7,35 MDN
Teil II: Arbeitskreis Ertragsbildung und Arbeitskreis Bodenfruchtbarkeit. 1966. 348 S. m. 127 Abb. - 15,75 MDN
Teil III: Arbeitskreis Viehwirtschaft. 1966. 196 S. m. 38 Abb. - 8,90 MDN

Nr. 83: Ökonomisch-mathematische Methoden in der Landwirtschaft. Vorträge des III. Wissenschaftlichen Symposiums zur Anwendung ökonomisch-mathematischer Methoden und der modernen Rechentechnik in der Landwirtschaft der sozialistischen Länder im Institut für Agrarökonomik Neetzow der Deutschen Akademie der Landwirtschaftswissenschaften zu Berlin vom 25. bis 30. Oktober 1965. 1966. 255 S. m. 5 Abb. - 12,30 MDN

Nr. 84: Ernährung und Düngung der Fichte. Vorträge der Tagung der Arbeitsgemeinschaft Forstdüngung vom 4. bis 6. Oktober 1965 in Tharandt anläßlich des 75. Geburtstages von Prof. (em.) H. F. SACHSZE. (In Vorbereitung)

Nr. 85: Mineralstoffversorgung von Pflanze und Tier. Vorträge eines internationalen Symposiums des Instituts für Pflanzenernährung Jena der Deutschen Akademie der Landwirtschaftswissenschaften zu Berlin und des Instituts für Tierernährung der Friedrich-Schiller-Universität Jena vom 8. bis 13. November 1965 in Jena. 1966. 504 S. m. 137 Abb. - 32,75 MDN

Nr. 86: Probleme der Feldversuchsmethodik. Vorträge eines Symposiums im Institut für Saatgut und Ackerbau Halle-Lauchstädt der Deutschen Akademie der Landwirtschaftswissenschaften zu Berlin vom 5. bis 9. Juli 1965. (In Vorbereitung)

Nr. 87: Regressionsanalyse und ihre Anwendung in der Agrarwissenschaft. Vorträge des 2. Biometrischen Seminars für die wissenschaftlichen Mitarbeiter der Deutschen Akademie der Landwirtschaftswissenschaften zu Berlin im März 1965. 1967. 185 S. m. 22 Abb.

Nr. 88: Probleme der Gewächshausleichtbauweise aus Plastwerkstoffen. Vorträge, gehalten auf der Internationalen wissenschaftlichen Tagung aus Anlaß des 40jährigen Bestehens der Forschungsstätte für Gemüsebau Großbeeren der Deutschen Akademie der Landwirtschaftswissenschaften zu Berlin vom 2. bis 5. November 1965 in Berlin. (In Vorbereitung)

Nr. 89: Probleme der Züchtung monokarper Zuckerrüben. Vorträge anläßlich des Internationalen Symposiums des Instituts für Rübenforschung Kleinwanzleben der Deutschen Akademie der Landwirtschaftswissenschaften zu Berlin vom 12. bis 15. Juli 1966 in Leipzig. Bd. 1 u. 2. 1967. 346 S. m. 43 Abb. – 15,70 MDN

Nr. 90: Beiträge zur Jagd- und Wildforschung V. Vorträge der 12. Tagung der Arbeitsgemeinschaft für Jagd- und Wildforschung anläßlich ihres zehnjährigen Bestehens vom 12. bis 15. Januar 1966 in Gatersleben. 1966. 236 S. m. 42 Abb. – 13,85 MDN

Nr. 91: Vorträge der Wissenschaftlichen Jahrestagung 1966 des Instituts für Mechanisierung der Landwirtschaft Potsdam-Bornim der Deutschen Akademie der Landwirtschaftswissenschaften zu Berlin. 1967. 106 S. m. 78 Abb.

Nr. 92: Die naturwissenschaftlichen Grundlagen der Silierung. Vorträge und Diskussionen eines internationalen Symposiums im Oskar-Kellner-Institut für Tierernährung Rostock der Deutschen Akademie der Landwirtschaftswissenschaften zu Berlin vom 26. bis 28. 9. 1966. (In Vorbereitung)

Nr. 93: Über die Rolle des Wassers als ertragsteigernder Faktor im Obstbau. Internationales Kolloquium des Instituts für Obstbau Dresden-Pillnitz der Deutschen Akademie der Landwirtschaftswissenschaften zu Berlin anläßlich der iga in Erfurt vom 3. bis 5. Oktober 1966. (In Vorbereitung)

Nr. 94: Zur Stickstoffdüngung der Weiden – Ergebnisse koordiniert durchgeführter Versuche. Vorträge und Auswertung der internationalen wissenschaftlichen Tagung im Institut für Grünland- und Moorforschung Paulinenaue der Deutschen Akademie der Landwirtschaftswissenschaften zu Berlin vom 1. bis 4. Juni 1965. (In Vorbereitung)

Nr. 95: Züchtung und Anbau von Feldfutterpflanzen. Wissenschaftliche Vortragstagung des Instituts für Pflanzenzüchtung Bernburg der Deutschen Akademie der Landwirtschaftswissenschaften zu Berlin am 1. und 2. Dezember 1966 in Bernburg. (In Vorbereitung)

Nr. 96: Anwendung neuer Erkenntnisse der Züchtungsforschung in der Obstzüchtung. Internationale Arbeitstagung des Instituts für Acker- und Pflanzenbau Müncheberg, Abteilung Obstzüchtung, der Deutschen Akademie der Landwirtschaftswissenschaften zu Berlin vom 6. bis 9. September 1966. (In Vorbereitung)

Nr. 97: VII. Europäisches Symposium über Viruskrankheiten der Obstbäume. Vorträge und Diskussionen eines Symposiums im Institut für Phytopathologie Aschersleben der Deutschen Akademie der Landwirtschaftswissenschaften zu Berlin vom 10. bis 16. Juli 1967. (In Vorbereitung)

Nr. 98: Mineralisation der Zellulose. Vorträge und Diskussion anläßlich des internationalen Symposiums des Instituts für Grünland- und Moorforschung Paulinenaue der Deutschen Akademie der Landwirtschaftswissenschaften zu Berlin und des Instituts für Bodenkunde und Mikrobiologie der Karl-Marx-Universität Leipzig vom 24. bis 26. April 1967 in Jena. (In Vorbereitung)

Wissenschaftliche Abhandlungen

Nr. 1: MÜHLE, E.: Die Krankheiten und Schädlinge der zur Samengewinnung angebauten Futtergräser. 1953. 167 S. m. 35 Abb. - 8,80 MDN (vergriffen)

Nr. 2: SCHAAF, A.: Beziehungen zwischen Körper-, Skelett- und Schädelmaßen und dem Ansatz von Fleisch und Fett beim Schwein. 1953. 103 S. m. 107 Abb. - 7,30 MDN

Nr. 3: BARTSCH, K.-H.: Vergleichende Untersuchungen über Jugendentwicklung und Typzugehörigkeit vier verschiedener nordwesteuropäischer Milchviehrassen. 1954. 183 S. m. 8 Abb., 24 graph. Darst., 72 Tab. u. 4 Falttaf. - 9,00 MDN (vergriffen)

Nr. 4: ENGELHARD, J.: Grundlagen für den Aufbau einer leistungsfähigen Zucht des Schwarzbunten Tieflandrindes in Mecklenburg. 1953. 375 S. m. 61 Abb. - 21,00 MDN (vergriffen)

Nr. 5: Festschrift anläßlich des 100jährigen Bestehens der landwirtschaftlichen Versuchsstation Leipzig-Möckern

5/1. NEHRING, K.; WERNER, A.: Untersuchungen über den Stärkewert verschiedener Futtermittel. Arbeiten aus dem wissenschaftlichen Nachlaß von Oskar KELLNER und Gustav FINGERLING. 1953. 351 S. m. 18 Abb. - 13,00 MDN (vergriffen)

5/2. NEHRING, K.: 100 Jahre Möckern. Die Bewertung der Futterstoffe und andere Probleme der Tierernährung. 1954. 472 S. m. 32 Abb. - 19,50 MDN (vergriffen)

5/3. NEHRING, K.: Untersuchungen über die Verwertung von reinen Nährstoffen und Futterstoffen mit Hilfe von Respirationsversuchen. Arbeiten aus dem wissenschaftlichen Nachlaß von Oskar KELLNER und Gustav FINGERLING. 1956. 404 S. - 19,50 MDN (vergriffen)

Nr. 6: ROTHMALER, W.; PADBERG, W.: Beiträge zur Frühgeschichte der Landwirtschaft I. 1953. 119 S. m. 41 Abb. - 5,50 MDN (vergriffen)

Nr. 7: JOACHIM, H.-F.: Untersuchungen über die Wurzelausbildung der Pappel und die Standortsansprüche von Pappelsorten. 1953. 208 S. m. 190 Abb. - 7,80 MDN (vergriffen)

Nr. 8: SCHLICHTING, M.: Messung der Schlepperausnutzung und der Zugarbeit beim Pflügen. 1954. 111 S. m. 34 Abb. u. 3 Taf. - 4,90 MDN

Nr. 9: HOFFMANN, G.: Topographischer und zytologischer Atlas der Medulla oblongata von Schwein und Hund. 1955. 168 S. m. 38 Abb. u. 28 Taf. - 34,00 MDN Ganzleinen, 31,00 MDN broschiert (vergriffen)

Nr. 10: SCHRÖDER-LEMBKE, G.: Die Einführung des Kleebaues in Deutschland vor dem Auftreten SCHUBARTS VON DEM KLEEFELDE. 1954. 55 S. - 1,80 MDN (vergriffen)

Nr. 11: EHWALD, E.: Vergleichende Forstklimatologie des Thüringer Gebirges und benachbarter Mittelgebirge. 1956. 184 S. m. 47 Abb. u. 12 Kart. - 42,00 MDN (geb. 46,00 MDN)

Nr. 12: KÉLLER, St. von: Entomologisches Wörterbuch. 1955. 679 S. m. 360 Abb. u. 33 Taf. - 88,00 MDN

Nr. 13: KÖHLER, H.: Einführung in die Methoden der pflanzlichen Antibiotikaforschung. 1956. 351 S. m. 39 Abb. - 20,00 MDN (vergriffen)

Nr. 14: LENGERKEN, H. von: Ur, Hausrind und Mensch. 1955. 191 S. m. 252 Abb. - 19,00 MDN Ganzleinen, 16,50 MDN broschiert (vergriffen)

Nr. 15: ROTHMALER, W.; PADBERG, W.: Beiträge zur Frühgeschichte der Landwirtschaft II. 1956. 124 S. m. 30 Abb. u. 25 Taf. - 14,00 MDN (vergriffen)

Nr. 16: SCHÖNBACH, H.; SCHRÖCK, O.; GÜNTHER, H.; JOACHIM, H.-F.; TEMPLIN, E.: Beiträge zur Pappelforschung Nr. 1. Mitteilungen aus der Arbeit des Pappelforschungskollektivs. 1956. 130 S. m. 46 Abb. - 16,00 MDN

Nr. 17: MÜHLE, E.: Die Krankheiten und Schädlinge der Arznei-, Gewürz- und Duftpflanzen. 1956. 305 S. m. 36 Abb. u. 4 Taf. - 36,00 MDN

Nr. 18: PASSARGE, H.: Die Wälder von Magdeburgerforth (NW-Fläming). 1956. 112 S. m. 95 Abb. im Text u. auf 12 Taf. u. 1 Geländedarst. - 17,00 MDN

Nr. 19: ROTH, H. A.: Untersuchungen über die Beziehungen zwischen den von der Bodenschätzung erfaßten natürlichen Ertragsbedingungen und den Ernteerträgen des Ackerlandes. 1956. 78 S. m. 11 Abb. - 5,50 MDN (vergriffen)

Nr. 20: AUGSTEN, H.: Fermentaktivität und Atmung bei Sommergerste nach Kältebehandlung des Saatgutes. 1956. 87 S. m. 18 Abb. - 8,50 MDN

Nr. 21: ERTELD, W.: Grundflächenschluß und Zuwachs bei Kiefer, Fichte und Buche. 1957. 178 S. m. 75 Abb. - 15,00 MDN

Nr. 22: BAIL, A.: Begriff und Messung der Arbeitsproduktivität im landwirtschaftlichen Betrieb. 1957. 328 S. - 23,50 MDN (vergriffen)

Nr. 23: OLBERTZ, M.: Über die am Standort des Kulturbodens erfaßbaren Größen des Wasserhaushaltes. 1957. 109 S. m. 52 Abb. - 16,00 MDN (vergriffen)

Nr. 24: ROTHMALER, W.; PADBERG, W.: Beiträge zur Frühgeschichte der Landwirtschaft III. 1957. 179 S. m. 106 Abb. - 21,00 MDN

Nr. 25: KLITSCH, C.: Die Futterfrage in Mitteldeutschland. Ein Beitrag zu ihrer Lösung. 1957. 148 S. m. 6 Abb. - 15,00 MDN (vergriffen)

Nr. 26: PASSARGE, H.: Waldgesellschaften des nördlichen Havellandes. 1957. 139 S. m. 13 Abb. im Text, 14 Abb. auf 7 Taf. u. 1 mehrfarb. Karte. - 29,50 MDN (vergriffen)

Nr. 27: GÜNTHER, H.; JOACHIM, H.-F.; POLSTER, H.; SCHÖNBACH, H.; THÜMMLER, K.; REGLER, W.: Beiträge zur Pappelforschung Nr. 2. Mitteilungen des Pappelforschungskollektivs. 1957. 256 S. m. 114 Abb. - 39,00 MDN

Nr. 28: WIESNER, E.: Beziehungen zwischen Menge und Zusammensetzung des Serumeiweißes und der Leistung und Körperform bei Kühen des Schwarzbunten Niederungsrindes. 1957. 76 S. m. 28 Abb. - 11,00 MDN

Nr. 29: KRÄUTER, G.: Das Waldhöhentarifsystem. 1958. 149 S. m. 61 ein- u. zweifarb. Abb. - 29,00 MDN

Nr. 30: OTTO, D.: Über die Arbeitsteilung im Staate von Formica rufa rufo - pratensis minor Gössw. und ihre verhaltensphysiologischen Grundlagen. Ein Beitrag zur Biologie der roten Waldameise. 1958. 169 S. m. 42 Abb. u. 5 Ausschlagtaf. - 19,50 MDN (vergriffen)

Nr. 31: SCHIEMANN, R.: Kritische Betrachtungen über die Entwicklung der Stärkewertlehre Oskar KELLNERS. 1958. 110 S. m. 1 Abb. - 10,50 MDN (vergriffen)

Nr. 32: MOTHES, E.: Betriebswirtschaftliche Untersuchungen des Gebäudebedarfs landwirtschaftlicher Großbetriebe. 1958. 166 S. m. 56 Abb. - 30,00 MDN (vergriffen)

Nr. 33: BANDT, H.-J.: Phenolabwässer und Abwässerphenole, ihre Entstehung, Schadwirkung und abwassertechnische Behandlung. Eine monographische Studie. 1958. 36 S. m. 5 Abb. - 4,80 MDN (vergriffen)

Nr. 34: ROSENTHAL, C.; FÜRSTE, W.; FISCHER, H. E.; BANDLOW, G.: Polyploidie der Rüben. Beiträge zur Rübenforschung Nr. 1. 1958. 68 S. m. 15 Abb. - 6,80 MDN (vergriffen)

Nr. 35: FISCHER, K.: Studien zur Histopathogenese der Teschener Krankheit bei experimenteller und natürlicher Infektion. 1958. 100 S. m. 49 z.T. zweifarb. Bildtaf. - 24,00 MDN (vergriffen)

Nr. 36: DITTMAR, O.: Formzahluntersuchungen mit dem Ziel der Verbesserung von Holzmassen- und -zuwachsermittlung langfristiger forstlicher Versuchsflächen. 1958. 157 S. m. 45 Abb. - 27,00 MDN

Nr. 37: Beiträge aus der Agrikulturchemie zu Problemen der Forschung und Praxis. Festschrift zum 60. Geburtstag von Prof. Dr. Dr. h. c. K. NEHRING. Zusammengestellt von R. SCHIEMANN. 1958. 303 S. m. 42 Abb. im Text, 24 farb. Abb. auf 7 Kunstdrucktaf. u. 1 Einschlagtaf. - 38,00 MDN (vergriffen)

Nr. 38: HEINISCH, O.; BÖHME, L.; FÜRSTE, K.; STAUDE, H.; WIESNER, K.; BACHMANN, L.; EICHHOLZ, W.: Beiträge zur Rübenforschung Nr. 2. 1959. 90 S. m. 13 Abb. - 8,80 MDN (vergriffen)

Nr. 39: REICHENBACH, H.: Neue Untersuchungen zur Transpiration abgeschnittener Pflanzensprosse. Ein Beitrag zu den physiologischen Grundlagen der Anwelkmethode von ARLAND. 1958. 66 S. m. 15 Abb. - 8,80 MDN (vergriffen)

Nr. 40: GÜNTHER, H.; MORGENEYER, W.; FRITZSCHE, K.; KEMMER, Ch.: Beiträge zur Pappelforschung Nr. 3. 1959. 169 S. m. 60 Abb. u. 45 Tab. - 28,00 MDN

Nr. 41: NÖTZEL, H.; STAUDE, H.: Beiträge zur Rübenforschung Nr. 3. 1959. 50 S. m. 13 Abb. - 18,00 MDN

Nr. 42: FOCKE, R.: Einige genetische und evolutionistische Besonderheiten polyploider Formen und deren Bedeutung für die Pflanzenzüchtung. 1959. 120 S. m. 26 Abb. - 15,60 MDN

Nr. 43: FLADE, D.: Blutaufbau, Inzucht und Verwandtschaft in der brandenburgischen Rinderzucht unter dem Einfluß der künstlichen Besamung. 1959. 139 S. m. 4 Ausschlagtaf. – 24,50 MDN (vergriffen)

Nr. 44: SCHÖNBACH, H.; MORGENEYER, W.; GÖHRE, K.: Beiträge zur Pappelforschung Nr. 4. 1959. 98 S. m. 77 Abb. – 19,50 MDN (vergriffen)

Nr. 45: SCHWARZ, K.: Entwicklung, Stand und Verbesserungsmöglichkeiten der Abwasserlandbehandlung in Deutschland unter besonderer Berücksichtigung der weiträumigen Verwertungsanlagen. 1960. 157 S. m. 13 Abb. – 15,00 MDN (vergriffen)

Nr. 46: CURTH, P.; SOMMER, E.: Beiträge zur Rübenforschung Nr. 4. 1960. 92 S. m. 54 Abb. – 19,00 MDN (vergriffen)

Nr. 47: KEMMER, Ch.; VOGL, M.; SCHÖNBACH, H.; MORGENEYER, W.: Beiträge zur Pappelforschung Nr. 5. 1960. 56 S. m. 27 Abb. – 13,50 MDN

Nr. 48: WÖHLERT, W.; FISCHER, H. E.; SCHNEIDER, H.; CURTH, P.; FÜRSTE, K.; RÖSTEL, H.-J.: Beiträge zur Rübenforschung Nr. 5. 1960. 74 S. m. 23 Abb. – 14,50 MDN (vergriffen)

Nr. 49: REUTER, G.: Tendenzen der Bodenentwicklung im Küstenbezirk Mecklenburgs. 1962. 128 S. m. 2 Abb. u. 8 Abb. auf 1 Kunstdrucktaf. – 38,00 MDN (vergriffen)

Nr. 50: SCHUSTER, G.: Methoden und Wege zur physiologisch-chemischen Virusdiagnostik bei Kartoffelknollen. 1962. 249 S. m. 24 Abb. – 42,50 MDN

Nr. 51: Autorenkollektiv unter Leitung von K. DYHRENFURTH: Beiträge zur Bewirtschaftung und Förderung leichter Böden. Festschrift zum 60. Geburtstag von Prof. Dr. Dr. h. c. A. PETERSEN. 1961. 168 S. m. 24 Abb. – 13,00 MDN (vergriffen)

Nr. 52: KEMMER, Ch.; FRITZSCHE, K.; GÜNTHER, H. †: Beiträge zur Pappelforschung Nr. 6. 1961. 52 S. m. 18 Abb. – 16,50 MDN

Nr. 53: PÄTZOLD, H.: Hauptformen des Futterbaues in den wichtigsten Klimazonen der Erde. Entwicklung und Entwicklungstendenzen in vergleichender Betrachtung. 1961. 164 S. – 16,00 MDN (vergriffen)

Nr. 54: SENFF, G.; CURTH, P.: Beiträge zur Rübenforschung Nr. 6. 1961. 55 S. m. 9 Abb. – 17,00 MDN (vergriffen)

Nr. 55: PAESLER, Fr.; KÜHN, H.: Bestimmungsschlüssel für die Gattungen freilebender und pflanzenparasitischer Nematoden. 1962. 97 S. m. 14 Taf. – 17,00 MDN (vergriffen)

Nr. 56: SCAMONI, A., u. a.: Natur, Entwicklung und Wirtschaft einer jungpleistozänen Landschaft, dargestellt am Gebiet des Meßtischblattes Thurow (Kreis Neustrelitz), Teil I. 1963. 340 S. m. 40 Abb. u. 4 Kart. – 62,00 MDN (vergriffen)

Nr. 57: PILZ, J.: Blutgruppen des Rindes und ihre praktische Bedeutung für die Rinderzucht. 1966. 53 S. – 4,80 MDN

Beiträge zur Geschichte der Landwirtschaftswissenschaften

Nr. 1: MANGOLD, E.: Chronik des Instituts für Tierernährungslehre der Humboldt-Universität zu Berlin. 1954. 80 S. – 1,30 MDN

Nr. 2: NEHRING, K.: 100 Jahre Landwirtschaftliche Chemie – 80 Jahre Landwirtschaftliche Versuchsstation Rostock. 1955. 24 S. – 0,90 MDN

Nr. 3: REINHOLD, J.: 40 Jahre Forschungsstätte für den Gemüsebau Großbeeren. (In Vorbereitung)

Einzelveröffentlichungen

+ Festschrift aus Anlaß der Eröffnung der Deutschen Akademie der Landwirtschaftswissenschaften zu Berlin. 1952. 160 S. m. 30 Abb. (vergriffen)

10 Jahre Deutsche Akademie der Landwirtschaftswissenschaften zu Berlin. Festschrift. (Bildband) 1962. 116 S. – 22,75 MDN

+ Festschrift anläßlich des 25jährigen Bestehens des Instituts für Tierzuchtforschung Dummerstorf. 220 S. m. 5 Abb. u. 16 Kunstdrucktaf.

+ 10 Jahre Oskar-Kellner-Institut für Tierernährung Rostock 1953–1963. 1963. 16 S. m. 2 Abb.

Index litteraturae entomologicae, Band I A–E. 1963. 697 S. – 55,00 MDN
Index litteraturae entomologicae, Band II F–L. 1965. 678 S. – 55,00 MDN
Index litteraturae entomologicae, Band III M–R. (In Vorbereitung)
Index litteraturae entomologicae, Band IV S–Z. (In Vorbereitung)

+ Die Halle der Wissenschaft. Beiträge zur Verbreitung wissenschaftlicher Erkenntnisse (anläßlich der Landwirtschafts- und Gartenbauausstellung Leipzig-Markkleeberg). 1952. 127 S. m. 1 Lageplan u. 34 Abb. (vergriffen)

GRÄFE, H.-K.: Carl Arthur SCHEUNERT, Forscher, Werk, Mensch. 1954. 152 S. m. 26 Abb. – 6,75 MDN (vergriffen)

HEINISCH, O.: Samenatlas. 1965. 122 mehrfarb. Taf. – 115,00 MDN

MÜHLE, E.: Kartei für Pflanzenschutz und Schädlingsbekämpfung. In 10 Lieferungen. 1959 erschien die 8. Lieferung. – Je Lieferung 4,50 MDN

+ LÜDDECKE, F.; SCHADEREIT, G.: Leistung und Aufwand im Anbau der wichtigsten Feldfutterpflanzen auf den mittleren mecklenburgischen Böden. 1961. 79 S.

+ Wissenschaftliche Arbeiten auf dem Gebiet der Veterinärmedizin 1957 bis 1960. 1962. XV u. 693 S. m. 98 Abb. u. 8 Farbdrucktaf.

+ Wissenschaftliche Arbeiten auf dem Gebiete der Veterinärmedizin 1961 bis 1966. (In Vorbereitung)

Anleitung zur Bestimmung und Bekämpfung der wichtigsten Schädigungen der Kulturpflanzen.
I. Ackerbau. 1953. 100 S. m. 45 Abb. – 0,80 MDN
II. Gemüse- und Obstbau. 1953. 120 S. m. 58 Abb. – 0,80 MDN

+ Anleitung für die Mitarbeiter des Warndienstes im Pflanzenschutz. 2., neubearb. und erweiterte Auflage. 1962. 94 S. m. 41 Abb. u. 24 Farbtaf.

+ Grundlagen zur Pflanzenquarantäne. Anleitung für die Untersuchung von pflanzlichen Sendungen. Band 1. 1964, 240 S. m. 129 Abb. u. 23 Farbtaf.

+ Die Naturschutzgebiete der Deutschen Demokratischen Republik. 1958. 137 S. m. 1 Einschlagtaf. (vergriffen)

+ Die Naturschutzgebiete der Deutschen Demokratischen Republik. 1964. 262 S. m. 16 Abb. u. 5 Kartendarst. - 4,25 MDN

+ NEHRING, K.; NERGE, I.: Kurzgefaßte Futtermitteltabellen für Planung und Beratung. 1964. 15 S.

+ Zur Verbesserung der Leistung in der Obstproduktion (Sammelband). 1965. 127 S. m. 23 Abb.

+ Zur Ertrags- und Qualitätssteigerung im Gemüsebau (Sammelband). 1965. 128 S. m. 53 Abb.

+ Feldversuche in der Praxis. Versuchsprogramm 1955/56. 1955. 81 S. m. 10 Abb.

+ Anleitung für die Durchführung einfacher Fütterungsversuche in der landwirtschaftlichen Praxis. 1956. 20 S.

+ Feld- und Fütterungsversuche in der Praxis. Versuchsprogramm 1957. 1956. 108 S.

+ Feld- und Fütterungsversuche in der Praxis. Versuchsprogramm 1958. 1957. 126 S.

+ Feld- und Fütterungsversuche in der Praxis. Ergänzungsheft 1959 zum Versuchsprogramm 1958. 1958. 16 S.

+ Feld- und Fütterungsversuche in der Praxis. Ergänzungsheft 1959/60 zum Versuchsprogramm 1958. 1959. 48 S.

+ Bericht über die Versuche der Jahre 1952 bis 1954. Institut für Landwirtschaftliches Versuchs- und Untersuchungswesen Jena. 1955. 432 S.

+ Versuche in der landwirtschaftlichen Praxis in den Bezirken Halle und Magdeburg. Ergebnisse der Jahre 1954 bis 1956. Institut für Landwirtschaftliches Versuchs- und Untersuchungswesen Halle-Lauchstädt. 1957. 180 S.

+ Bericht über die Versuche der Jahre 1955 und 1956. Institut für Landwirtschaftliches Versuchs- und Untersuchungswesen Jena. 1958. 752 S. m. 220 Abb. u. 2 Einschlagtaf.

+ Bericht über die Feldversuche in der Praxis 1954 bis 1956 in den Bezirken Leipzig, Dresden, Karl-Marx-Stadt. Institut für Landwirtschaftliches Versuchs- und Untersuchungswesen Leipzig. 1957. 592 S. m. 64 Abb.

+ Fragen des Kartoffelbaues in Brandenburg. 1958. 51 S. m. 31 Abb.

+ Bericht über die Versuche in der Praxis 1957 bis 1958 in den Bezirken Leipzig, Dresden und Karl-Marx-Stadt. Institut für Landwirtschaftliches Versuchs- und Untersuchungswesen Leipzig. 1959. 383 S. m. 21 Abb.

+ Bericht über die Versuche der Jahre 1957–1959. Institut für Landwirtschaftliches Versuchs- und Untersuchungswesen Jena. 1961. 374 S. m. 150 Abb. u. 3 farb. Kunstdrucktaf.

+ Bericht über die Versuche der Jahre 1958 bis 1960. Institut für Landwirtschaftliches Versuchs- und Untersuchungswesen Rostock. 1962. 1015 S. m. 25 Abb. u. 7 Darst.

+ Versuche in der landwirtschaftlichen Praxis in den Bezirken Halle und Magdeburg. Ergebnisse der Jahre 1957–1959. Institut für Landwirtschaftliches Versuchs- und Untersuchungswesen Halle-Lauchstädt. 1962. 335 S. m. 12 Darst.

+ Vortragstagung 1955/56. Institut für Landwirtschaftliches Versuchs- und Untersuchungswesen Halle-Lauchstädt. 1957. 52 S.

+ Vortragstagungen, durchgeführt vom Institut für Landwirtschaftliches Versuchs- und Untersuchungswesen Jena am 21. 2. 1956 in Pößneck und am 1. 3. 1956 in Erfurt. 1956. 87 S. m. 17 Abb.
+ Versuchs- und Untersuchungsergebnisse 1954/57. Institut für Landwirtschaftliches Versuchs- und Untersuchungswesen Rostock. 1960. 584 S.
+ Vortragstagungen 1956/57. Institut für Landwirtschaftliches Versuchs- und Untersuchungswesen Jena. 1957. 174 S. m. 54 Abb.
+ Vortragstagungen, durchgeführt vom Institut für Landwirtschaftliches Versuchs- und Untersuchungswesen Rostock im Winter 1956/57. 1957. 110 S. m. 21 Abb.
+ Vortragstagungen 1956/57. Institut für Landwirtschaftliches Versuchs- und Untersuchungswesen Potsdam. 100 S. m. 23 Abb.
+ Vortragstagungen 1957/58. Institut für Landwirtschaftliches Versuchs- und Untersuchungswesen Potsdam. 1958. 130 S. m. 65 Abb.
+ Vortragstagungen 1957/58. Institut für Landwirtschaftliches Versuchs- und Untersuchungswesen Halle-Lauchstädt. 1959. 151 S. m. 39 Abb.
+ Vortragstagungen 1958/59. Institut für Landwirtschaftliches Versuchs- und Untersuchungswesen Rostock. 1959. 112 S. m. 2 Abb.
+ Vortragstagungen 1958/59. Institut für Landwirtschaftliches Versuchs- und Untersuchungswesen Potsdam. 1959. 132 S. m. 54 Abb.
+ Vortragstagungen 1958/59. Institut für Landwirtschaftliches Versuchs- und Untersuchungswesen Jena. 1959. 208 S. m. 45 Abb.
+ Vortragstagungen 1959/60. Institut für Landwirtschaftliches Versuchs- und Untersuchungswesen Rostock. 1960. 110 S. m. 6 Abb.
+ Vortragstagungen 1959/60. Institut für Landwirtschaftliches Versuchs- und Untersuchungswesen Potsdam. 1960. 143 S. m. 54 Abb.
+ Vortragstagungen 1959/60. Institut für Landwirtschaftliches Versuchs- und Untersuchungswesen Jena. I. 1960. 96 S. m. 22 Abb.
+ Vortragstagungen 1959/60. Institut für Landwirtschaftliches Versuchs- und Untersuchungswesen Jena. II. 1960. 183 S. m. 94 Abb.
+ Vortragstagungen 1959/60. Institut für Landwirtschaftliches Versuchs- und Untersuchungswesen Leipzig. I. 1960. 44 S.
+ Vortragstagungen 1959/60. Institut für Landwirtschaftliches Versuchs- und Untersuchungswesen Leipzig. II. 1960. 33 S. m. 2 Abb. im Text u. 4 Kunstdrucktaf.
+ Vortragstagungen 1959/60. Institut für Landwirtschaftliches Versuchs- und Untersuchungswesen Leipzig. III. 1961. 43 S. m. 1 Abb.
+ Vortragstagungen 1960/61. Institut für Landwirtschaftliches Versuchs- und Untersuchungswesen Rostock. 1961. 120 S. m. 10 Abb.
+ Vortragstagungen 1960/61. Institut für Landwirtschaftliches Versuchs- und Untersuchungswesen Halle-Lauchstädt. I. 1961. 63 S. m. 15 Abb.
+ Vortragstagungen 1960/61. Institut für Landwirtschaftliches Versuchs- und Untersuchungswesen Leipzig. I. 1961. 38 S. m. 4 Abb.
+ Vortragstagungen 1960/61. Institut für Landwirtschaftliches Versuchs- und Untersuchungswesen Leipzig. II. 1961. 40 S. m. 17 Abb. auf Taf.
+ Vortragstagungen 1960/61. Institut für Landwirtschaftliches Versuchs- und Untersuchungswesen Leipzig. III. 1961. 46 S. m. 4 Abb.
+ Vortragstagungen 1960/61. Institut für Landwirtschaftliches Versuchs- und Untersuchungswesen Leipzig. IV. 1961. 45 S. m. 2 Abb.

+ Vortragstagungen 1960/61. Institut für Landwirtschaftliches Versuchs- und Untersuchungswesen Leipzig. V. 1961. 33 S. m. 4 Abb.

+ Vortragstagungen 1960/61. Institut für Landwirtschaftliches Versuchs- und Untersuchungswesen Jena. 1961. 156 S. m. 73 Abb.

+ Vortragstagungen 1960/61. Institut für Landwirtschaftliches Versuchs- und Untersuchungswesen Potsdam. 1962. 81 S. m. 39 Abb.

+ Vortragstagungen 1961/62. Institut für Landwirtschaftliches Versuchs- und Untersuchungswesen Leipzig. I. 1962. 52 S. m. 19 Abb.

+ Vortragstagungen 1961/62. Institut für Landwirtschaftliches Versuchs- und Untersuchungswesen Leipzig. II. 1962. 61 S. m. 20 Abb.

+ Vortragstagungen 1961/62. Institut für Landwirtschaftliches Versuchs- und Untersuchungswesen Leipzig. III. 1962. 76 S. m. 44 Abb.

+ Vortragstagungen 1961/62. Institut für Landwirtschaftliches Versuchs- und Untersuchungswesen Potsdam. 1962. 94 S. m. 22 Abb.

+ Vortragstagungen 1961/62. Institut für Landwirtschaftliches Versuchs- und Untersuchungswesen Rostock. 1962. 230 S. m. 2 Abb. u. 15 graph. Darst.

Richtlinien für die Durchführung der Mastleistungsprüfung in der Schweinezucht. 1955. 40 S. m. 28 Abb. – 1,20 MDN

+ Jahresbericht 1953/54 über die Mast- und Schlachtleistungsprüfungen in den staatlichen Mastprüfungsanstalten der Deutschen Demokratischen Republik. 1955. 150 S. m. 118 Abb.

+ Jahresbericht 1955 über die Mast- und Schlachtleistungsprüfungen in den staatlichen Mastprüfungsanstalten der Deutschen Demokratischen Republik. 1957. 32 S.

+ Jahresbericht 1956 über die Mast- und Schlachtleistungsprüfungen in den staatlichen Mastprüfungsanstalten der Deutschen Demokratischen Republik. 1958. 133 S. m. 44 Abb. u. 20 Ausschlagtaf.

+ Jahresbericht 1957 über die Mast- und Schlachtleistungsprüfungen in den staatlichen Mastprüfungsanstalten der Deutschen Demokratischen Republik. 1958. 91 S.

+ Jahresbericht 1958 über die Mast- und Schlachtleistungsprüfungen in den staatlichen Mastprüfungsanstalten der Deutschen Demokratischen Republik. 1959. 54 S. m. 14 Einschlagtaf.

+ Jahresbericht 1959 über die Mast- und Schlachtleistungsprüfungen in den staatlichen Mastprüfungsanstalten der Deutschen Demokratischen Republik. 1960. 56 S. m. 11 Einschlagtaf.

+ Jahresbericht 1960 über die Mast- und Schlachtleistungsprüfungen in den staatlichen Mastprüfungsanstalten der Deutschen Demokratischen Republik. 1961. 57 S. m. 15 Einschlagtaf.

Katalog I. Verzeichnis übersetzter sowjetischer Fachartikel, 1948 bis März 1950. Kurzreferate aus der sowjetischen Fachpresse März bis Dezember 1950. 1952. 159 S. – 3,90 MDN (vergriffen)

Katalog II. Kurzreferate aus der sowjetischen Fachpresse Januar bis Dezember 1951. 1952. 240 S. – 5,90 MDN (vergriffen)

Katalog III. Kurzreferate aus der sowjetischen Fachpresse Januar bis April 1952. 1952. 159 S. – 3,90 MDN (vergriffen)

Katalog IV. Kurzreferate aus der sowjetischen Fachpresse Mai bis August 1952. 1953. 144 S. – 3,55 MDN

Katalog V. Kurzreferate aus der sowjetischen Fachpresse September bis Dezember 1952. 1953. 144 S. - 3,55 MDN (vergriffen)

Katalog VI. Kurzreferate aus der sowjetischen Fachpresse Januar bis April 1953. 1953. 240 S. - 5,10 MDN (vergriffen)

Katalog VII. Kurzreferate aus der sowjetischen Fachpresse Mai bis August 1953. 1954. 248 S. - 5,90 MDN (vergriffen)

Katalog VIII. Kurzreferate aus der sowjetischen Fachpresse September bis Dezember 1953. 1954. 132 S. - 3,75 MDN (vergriffen)

+ Naturschutzarbeit in Berlin und Brandenburg (erscheint jährlich 3mal)

+ Naturschutzarbeit in Mecklenburg (erscheint jährlich 3mal)

+ Naturschutzarbeit in den Bezirken Halle und Magdeburg (erscheint jährlich 2mal)

+ Naturschutzarbeit in Sachsen (erscheint jährlich 3mal)

+ Pflanzenschutzmittelverzeichnis 1957. Deutsche Akademie der Landwirtschaftswissenschaften zu Berlin, Biologische Zentralanstalt Berlin. 24 S.

+ Pflanzenschutzmittelverzeichnis 1958. Deutsche Akademie der Landwirtschaftswissenschaften zu Berlin, Biologische Zentralanstalt Berlin. 28 S.

+ Pflanzenschutzmittelverzeichnis 1959. Deutsche Akademie der Landwirtschaftswissenschaften zu Berlin, Biologische Zentralanstalt Berlin. 28 S.

+ Pflanzenschutzmittelverzeichnis 1960. Deutsche Akademie der Landwirtschaftswissenschaften zu Berlin, Biologische Zentralanstalt Berlin. 28 S.

+ Pflanzenschutzmittelverzeichnis 1961. Deutsche Akademie der Landwirtschaftswissenschaften zu Berlin, Biologische Zentralanstalt Berlin. 30 S.

+ Pflanzenschutzmittelverzeichnis 1962. Deutsche Akademie der Landwirtschaftswissenschaften zu Berlin, Biologische Zentralanstalt Berlin. 32 S.

+ Pflanzenschutzmittelverzeichnis 1963. Deutsche Akademie der Landwirtschaftswissenschaften zu Berlin, Biologische Zentralanstalt Berlin. 32 S.

+ Pflanzenschutzmittelverzeichnis 1964. Deutsche Akademie der Landwirtschaftswissenschaften zu Berlin, Biologische Zentralanstalt Berlin. 32 S.

+ Pflanzenschutzmittelverzeichnis 1965. Deutsche Akademie der Landwirtschaftswissenschaften zu Berlin, Biologische Zentralanstalt Berlin. 64 S.

+ Pflanzenschutzmittelverzeichnis 1966. Deutsche Akademie der Landwirtschaftswissenschaften zu Berlin, Biologische Zentralanstalt Berlin. 68 S.

+ Taschenkalender 1962. Vorspann 33 S., Kalendarium 105 S., Anhang 14 S.

+ Taschenkalender 1963. Vorspann 48 S., Kalendarium 120 S.

+ Taschenkalender 1964. Vorspann 48 S., Kalendarium 120 S.

+ Taschenkalender 1965. Vorspann 47 S., Kalendarium 120 S.

+ Taschenkalender 1966. Vorspann 48 S., Kalendarium und Anhang 188 S.

+ Taschenkalender 1967. Vorspann 48 S., Kalendarium 120 S.

Katalog wilder und kultivierter mittel- und südamerikanischer Kartoffelspecies. Teil I. 1966. 263 S.

Schriftenreihe für die landwirtschaftlichen Produktionsgenossenschaften

Heft: 1: SELKE, W.: Der Düngekalk und seine richtige Anwendung. 1953. 24 S. - 0,35 MDN (vergriffen)

Heft 2: SCHMAUDER, G.: Bessere Pflege und Düngung des Grünlandes in den landwirtschaftlichen Produktionsgenossenschaften. 1953. 48 S. m. 17 Abb. - 0,50 MDN (vergriffen)

Heft 3: MANGOLD, E.: Pflanzliches und tierisches Eiweiß, Mineralstoffe und Vitamine in der Ernährung der landwirtschaftlichen Nutztiere. 1953. 16 S. - 0,25 MDN (vergriffen)

Heft 4: RÜTHER, H.: Die Bedeutung von Saatzeit und Sorte beim Weizenbau unter Berücksichtigung des Wechsel-Saatverfahrens. 1953. 24 S. m. 11 Abb. - 0,35 MDN (vergriffen)

Heft 5: DOMSCH, M.: Bodenbearbeitung im Frühjahr. 1953. 28 S. m. 23 Abb. - 0,40 MDN (vergriffen)

Heft 6: LIEBENBERG, O.: Die Schweinefütterung. 1953. 32 S. m. 12 Abb. - 0,40 MDN (vergriffen)

Heft 7: SCHLEUSENER, W.: Hohe Erträge im Kartoffelbau durch bessere Anbautechnik. 1953. 28 S. m. 9 Abb. - 0,40 MDN (vergriffen)

Heft 8: SPECHT, G.: Der Sommergetreidebau. 1953. 48 S. m. 13 Abb. - 0,50 MDN (vergriffen)

Heft 9: HEINISCH, O.: Anleitung zum Zuckerrübenbau. 1953. 48 S. m. 39 Abb. - 0,50 MDN (vergriffen)

Heft 10: SEIDEMANN, J.: Planung und Erhaltung der kulturtechnischen Anlagen. 1953. 19 S. m. 7 Abb. - 0,35 MDN (vergriffen)

Heft 11: SELKE, W.: Die Anwendung der mineralischen Handelsdünger. 1953. 68 S. - 0,75 MDN (vergriffen)

Heft 12: TEIPEL, R.: Ermittlung der Bodenverdichtungen und ihre Beseitigung und Verhütung durch richtige Bodenbearbeitung. 1953. 24 S. m. 30 Abb. - 0,35 MDN (vergriffen)

Heft 13: KLITSCH, C.; LEMBKE, H.; REINMUTH, E.: Der Anbau der Winterölfrüchte. 1953. 24 S. m. 3 Abb. - 0,35 MDN

Heft 14: HAHN, P.; KRAUSS, W.; RHENIUS, H.: Die wichtigsten Gemüsesorten und ihre Anbaueignung. 1953. 63 S. - 0,60 MDN (vergriffen)

Heft 15: KLINKOWSKI, M.; KÖNNECKE, G.; OBERDORF, F.: Der Anbau von Wintergerste. 1953. 16 S. - 0,25 MDN (vergriffen)

Heft 16: SCHULZE, E.: Ernte und Einlagerung der Futterrüben. 1953. 16 S. - 0,25 MDN (vergriffen)

Heft 17: BIELKA, R.: Gemüsezwischenfruchtanbau. 1953. 40 S. - 0,50 MDN (vergriffen)

Heft 18: SCHMAUDER, G.: Richtige Werbung des Grünfutters. 1953. 24 S. m. 15 Abb. - 0,35 MDN (vergriffen)

Heft 19: COMBERG, G.: Anleitung zur Aufzucht des Rindes. 1953. 32 S. m. 4 Abb. - 0,40 MDN (vergriffen)

Heft 20: LAUENSTEIN, A.; ERNST, E.: Die Bodenbearbeitung im Feldgemüsebau. 1953. 24 S. - 0,35 MDN

Heft 21: LAUENSTEIN, A.: Ertragssteigerung durch Zusatzberegnung im Feldgemüsebau. 1953. 16 S. m. 4 Abb. - 0,25 MDN

Heft 22: ERNST, E.: Bessere Gemüseversorgung. 1953. 24 S. m. 11 Abb. - 0,35 MDN

Heft 23: BORCHERT, A.: Die wichtigsten Außenparasiten unserer Haussäugetiere. 1953. 36 S. m. 15 Abb. - 0,50 MDN

Heft 24: HENKEL, G.: Durch Meliorationen zur besseren Nutzung des Grünlandes in den landwirtschaftlichen Produktionsgenossenschaften. 1953. 16 S. m. 8 Abb. - 0,25 MDN

Heft 25: GEISSLER, Th.: Gemüsedüngung. 1953. 24 S. – 0,35 MDN

Heft 26: HOFFMANN, E.: Die Organisation der Futterwirtschaft in den landwirtschaftlichen Produktionsgenossenschaften. 1953. 32 S. – 0,40 MDN (vergriffen)

Heft 27: BEHR, L.; KLINKOWSKI, M.; NOLTE, H.-W: Der Pflanzenschutz im Gemüsebau. 1953. 80 S. – 0,75 MDN

Heft 28: NEHRING, K.: Heuwerbung und Futterkonservierung. 1953. 40 S. m. 21 Abb. – 0,50 MDN (vergriffen)

Heft 29: ROSENKRANZ, O.: Die Organisation der Feldwirtschaft und der Feldbaubrigaden in den landwirtschaftlichen Produktionsgenossenschaften. 1954. 28 S. m. 5 Abb. u. 1 Einschlagtab. – 0,40 MDN

Heft 30: ALTENKIRCH, W.: Lammzeiten und Aufzucht der Lämmer. 1953. 16 S. m. 6 Abb. – 0,25 MDN

Heft 31: SCHWARZ, K.: Die Möglichkeiten der Bewässerung in der Landwirtschaft und ihre zweckmäßige Durchführung. 1953. 48 S. m. 24 Abb. – 0,50 MDN

Heft 32: MÜLLER, L. F.: Die Verdauungskrankheiten der Haustiere. 1953. 56 S. m. 17 Abb. – 0,75 MDN

Heft 33: JOACHIM, H.-F.: Pappelanbau außerhalb des Waldes. 1953. 32 S. m. 28 Abb. – 0,40 MDN

Heft 34: THEILE, H.: Die wichtigsten Virus-Tierseuchen, ihre Verhütung und Bekämpfung. 1954. 64 S. m. 23 Abb. – 0,75 MDN

Heft 35: DÖRING, H.: Jauche, ein wichtiger Wirtschaftsdünger. 1953. 16 S. m. 8 Abb. – 0,25 MDN

Heft 36: HOFMANN, F.: Aufzucht, Haltung und Pflege der Rinder. 1953. 48 S. m. 44 Abb. – 0,50 MDN

Heft 37: WALTHER, A.: Die Behandlung der weiblichen Zuchttiere vor, während und nach der Geburt. 1953. 20 S. – 0,35 MDN

Heft 38: BORCHERT, A.: Die wichtigsten Innenparasiten unserer Haussäugetiere. 1953. 47 S. m. 12 Abb. – 0,50 MDN

Heft 39: KUNATH, A.: Der Feldgemüsebau. 1953. 30 S. – 0,40 MDN

Heft 40: SCHMAUDER, G.: Landwirtschaftliche Folgemaßnahmen nach Meliorationen. 1953. 24 S. m. 17 Abb. – 0,35 MDN

Heft 41: GOERTTLER, V.: Die Fortpflanzungsstörungen bei den Haustieren. 1954. 48 S. – 0,50 MDN

Heft 42: BORCHERT, A: Die wichtigsten Parasiten bei unseren Nutztieren und ihre Bekämpfung. 1953. 19 S. – 0,35 MDN

Heft 43: TREPTE, H.: Der Bau von Schweineställen. 1953. 20 S. m. 10 Abb. – 0,35 MDN

Heft 44: ALTENKIRCH, W.: Die genossenschaftliche Schafhaltung. 1953. 20 S. m. 11 Abb. – 0,35 MDN

Heft 45: REUTER, G.: Kompostierung wirtschaftseigener Abfälle. 1954. 16 S. – 0,25 MDN

Heft 46: ROTERS, H.: Leistungssteigerung im Getreidebau durch richtige Sortenwahl. 1954. 39 S. m. 8 Abb. – 0,50 MDN

Heft 47: SIMON, W.; LEHMANN, C.: Der Luzerne- und Kleegrasanbau. 1954. 56 S. m. 15 Abb. – 0,75 MDN

Heft 48: VANICEK, K.-H.: Obstbau in den landwirtschaftlichen Produktionsgenossenschaften. 1954. 32 S. m. 12 Abb. - 0,40 MDN

Heft 49: REISSMANN, H.: Holzschutz an landwirtschaftlichen Bauten. 1955. 67 S. m. 35 Abb. - 1,00 MDN

Heft 50: STEIKHARDT, H.: Zwischenfruchtanbau. 1954. 91 S. m. 37 Abb. - 1,00 MDN

Heft 51: SCHOLZ, K.: Schweinemast mit wirtschaftseigenen Futtermitteln. 1954. 20 S. m. 9 Abb. - 0,35 MDN

Heft 52: FEUCHT, W.: Krankheiten und Schädlinge der Zuckerrübe. 1954. 24 S. m. 16 Abb. - 0,35 MDN

Heft 53: RÜTHER, H: Neuzeitliche Anbautechnik der Körnerleguminosen. 1954. 39 S. m. 8 Abb. - 0,50 MDN

Heft 54: Kollektiv: Die Jahresabrechnung einiger landwirtschaftlicher Produktionsgenossenschaften. 1954. 52 S. m. 3 Abb. - 0,75 MDN

Heft 55: DRÄGER, H.: Was muß vor und bei einer Schlachtung beachtet werden? 1955. 32 S. m. 10 Abb. - 0,40 MDN

Heft 56: SCHOLZ, K.: Richtiges Melken und sachgemäße Milchbehandlung. 1954. 20 S. m. 13 Abb. - 0,35 MDN

Heft 57: MITSCHERLICH, E. A.: Düngungsversuche. 1954. 14 S. - 0,25 MDN

Heft 58: BERGER, F.: Luzerne, Futter- und Samenbau. 1955. 31 S. m. 10 Abb. - 0,40 MDN

Heft 59: SCHMIDT, M.; HUBERT, K.: Die Pflanzenschutzmittel und die Planung ihrer Anwendung in den landwirtschaftlichen Produktionsgenossenschaften. 1955. 28 S. - 0,40 MDN

Heft 60: HEINISCH, O.: Anleitung zur Produktion von Zucker- und Futterrübensamen. 1955. 49 S. m. 32 Abb. - 0,50 MDN

Heft 61: FRÖHLICH, H.: Die Standortwahl im Gemüsebau. 1954. 28 S. m. 9 Abb. - 0,40 MDN

Heft 62: DUBSLAFF, H.; WOJAHN, E.: Die Grünland-Acker-Wechselnutzung. 1955. 60 S. m. 23 Abb. - 0,75 MDN

Heft 63: TEUCHER, C.: Anleitung zum Grassamenbau. 1955. 43 S. m. 18 Abb. - 0,50 MDN

Heft 64: BIELKA, R.: Gemüsesamenbau. 1955. 39 S. m. 1 Einschlagtaf. - 0,50 MDN

Heft 65: SCHLOLAUT, W.: Maschinenmelken. 1955. 27 S. m. 26 Abb. - 0,40 MDN

Heft 66: WIEJA, K.: Der Bau von Schafställen. 1955. 31 S. m. 21 Abb. - 0,40 MDN

Heft 67: FRANKE, E.-R.: Die Futterstoffe und ihre Anwendung bei der Fütterung landwirtschaftlicher Nutztiere. 1955. 88 S. m. 8 Abb. - 0,75 MDN

Heft 68: BOCHOW, R.: Erhöhte Arbeitssicherheit in der Landwirtschaft. 1956. 36 S. m. 24 Abb. - 0,50 MDN

Heft 69: RUDOLPH, W.: Die Aufzucht von Geflügel. 1956. 40 S. m. 25 Abb. - 0,60 MDN

Heft 70: BAGANZ, K.: Die Mechanisierung des Kartoffelbaues nach Einführung des Schleppers. 1956. 27 S. m. 15 Abb. - 0,50 MDN

Heft 71: GÄTKE, R.: Gerätekopplung. 1956. 34 S. m. 26 Abb. - 0,60 MDN

Heft 72: GUHL, P.: Abkalbe- und Kälberställe. 1956. 24 S. m. 17 Abb. – 0,40 MDN

Heft 73: MEHLER, A.: Jungviehställe. 1956. 28 S. m. 17 Abb. – 0,50 MDN

Heft 74: REINBOTH, W.: Pflege und Wartung von Landmaschinen. 1957. 39 S. m. 33 Abb. – 0,80 MDN

\+ Sonderheft 1: ROSS, H.; SORGE, W.: Wegweiser durch die neue landwirtschaftliche Fachliteratur. 1954. 88 S. (vergriffen)

Handbücherei des Genossenschaftsbauern

Produktion von Schweinen. 1966. 227 S. m. 59 Abb. – 8,00 MDN
Produktion von Eiern und Broilern. 1966. 183 S. m. 65 Abb. – 7,00 MDN
Produktion von Zuckerrüben. 1966. 206 S. m. 66 Abb. – 8,00 MDN
Produktion von Getreide. 1966. 224 S. m. 45 Abb. – 8,00 MDN
Produktion von Milch. 1967. 216 S. m. 54 Abb. – 8,00 MDN
Produktion von Rindern (Mast). 1967. 187 S. m. 18 Abb. – 7,00 MDN
Produktion von Rindern (Aufzucht). 1967. 208 S. m. 46 Abb. – 8,00 MDN
Produktion von Kartoffeln. (In Vorbereitung)
Produktion von Wolle und Schafen. (In Vorbereitung)
LPG Waldwirtschaft. (In Vorbereitung)
Produktion von Futter. (In Vorbereitung)
Leitung sozialistischer Landwirtschaftsbetriebe. (In Vorbereitung)
Planung sozialistischer Landwirtschaftsbetriebe. (In Vorbereitung)
Produktion von Saatgut. (In Vorbereitung)
Produktion von Öl- und Faserpflanzen. (In Vorbereitung)
Produktion von Gemüse. (In Vorbereitung)

Flugblätter

der Biologischen Zentralanstalt Berlin der Deutschen Akademie der Landwirtschaftswissenschaften zu Berlin

\+ Nr. 1: THIEM, E.: Der Kornkäfer
\+ Nr. 2: GÄBLER, H.: Kiefernschädlinge
\+ Nr. 3: MANSFELD, K.: Krähenbekämpfung
\+ Nr. 4: THIEM, E.: Der Kartoffelkäfer
\+ Nr. 5: HEY, A.: Der Kartoffelkrebs
\+ Nr. 6: HEY, A.: Der Kartoffelnematode
\+ Nr. 7: MÜLLER, F. P.: Die San-José-Schildlaus
\+ Nr. 8: FISCHER, H.: Der Weiße Bärenspinner
\+ Nr. 9: FISCHER, H.: Wie holt man sich Rat über Pflanzenkrankheiten und Pflanzenschädlinge?
\+ Nr. 10: SEDLAG, U.: Die Vergilbungskrankheit der Rübe
\+ Nr. 11: REICHSTEIN, H.: Die Feldmaus
\+ Nr. 12: HUBERT, K.: Die Rübenblattwanze und ihre Bekämpfung
\+ Nr. 13: BEHR, L.: Die Brandkrankheiten des Getreides
\+ Nr. 14: NOLTE, H.-W.: Raps- und Rübenschädlinge
\+ Nr. 15: FISCHER, H.: Die Rübenmotte

+ Nr. 16: SCHMIDT, M.: Vorsichtsmaßnahmen für den Umgang mit Pflanzenschutzmitteln
+ Nr. 17: SCHMIDT, H.: Saatgutbeizung
+ Nr. 18: MÜLLER, F. P.: Die wichtigsten Blattlausarten in Landwirtschaft und Gartenbau
+ Nr. 19: MÜLLER, F. P.: Winterspritzung und Winterpflege der Obstkulturen
+ Nr. 20: NOLL, J.: Pflanzenhygiene im Gewächshaus
+ Nr. 21: SCHMIDT, H.: Chemische Mittel zur Unkrautbekämpfung
+ Nr. 22: RICHTER, G.: Die Maikäfer- und Engerlingsbekämpfung
+ Nr. 23: MÜLLER, K. R.: Die Rübenderbrüßler
+ Nr. 24: BÖSENBERG, K.: Sperlinge und ihre Bekämpfung
+ Nr. 25: SCHMIDT, H.: Mittel gegen Pilzkrankheiten (Fungizide) und ihre Anwendung
+ Nr. 26: BAUMANN, G.; KEGLER, H.: Viruskrankheiten des Stein- und Kernobstes und ihre Bekämpfung
+ Nr. 27: STEPHAN, S.: Die Kraut- und Knollenfäule der Kartoffel
+ Nr. 28: LANGE - DE La CAMP, M.; FRITZSCHE, R.: Krankheiten und Schädlinge des Öl- und Faserleins
+ Nr. 29: MÜLLER, E. W.; ZSCHAU, K.: Krankheiten und Schädlinge der Erbse
+ Nr. 30: MÜLLER, K. R.: Der Hamster und seine Bekämpfung
+ Nr. 31: MÜLLER, F. P.: Der Speisebohnenkäfer
+ Nr. 32: BOCHOW, H.: Die Kohlhernie und ihre Bekämpfung
+ Nr. 33: KEGLER, H.: Viruskrankheiten des Steinobstes
+ Nr. 34: STEPHAN, S.; MASURAT, G.: Anleitung für die Arbeiten im Meldedienst des Pflanzenschutzes
+ Nr. 35: GRÜMMER, G.: Krankheitserreger und Schädlinge an Mohn
+ Nr. 36: NAUMANN, K.: Die „eckige Blattflecken"-Krankheit der Gurke

Merkblätter
der Arbeitsgemeinschaft für Jagd- und Wildforschung

+ Nr. 1: BOBACK, A. W.: Auerwild-Hege (vergriffen)
+ Nr. 2: BOBACK, A. W.: Birkwild-Hege (vergriffen)
+ Nr. 3: BOBACK, A. W.: Enten-Hege (vergriffen)
+ Nr. 4: BOBACK, A. W.: Der Feldhase und seine Hege (vergriffen)
+ Nr. 5: GÄBLER, H.: Wildkrankheiten, die auch Haustiere befallen können (vergriffen)
+ Nr. 6: BOBACK, A. W.: Der Fasan und seine Hege (vergriffen)
+ Nr. 7: HERBERG, M.: Die Greifvögel und Eulen (vergriffen)
+ Nr. 8: GEWALT, W.: Schutz und Hege der Großtrappe (vergriffen)
+ Nr. 9: BOBACK, A. W.: Das Rebhuhn und seine Hege (vergriffen)
+ Nr. 10: BOBACK, A. W.: Greifvögel, Landwirtschaft und Niederjagd. Die Frage der Bestandsregulierung der Greifvögel (vergriffen)
+ Nr. 11: GOTHE, J.: Schutz und Hege des Kolkraben (vergriffen)
+ Nr. 12: CREUTZ, G.: Schutz und Hege des Schwarzstorches (vergriffen)
+ Nr. 13: DATHE, H.: Behandlung aufgefundener Jungrobben (vergriffen)
+ Nr. 14: WUTTKY, K.: Rehwildhege durch planmäßigen Abschuß (vergriffen)

+ Nr. 15: OEHME, G.: Schutz und Hege unserer Adlerarten (vergriffen)
+ Nr. 16: LIPPERT, W.: Schutz und Hege des Kranichs (vergriffen)
+ Nr. 17: KUBE, F.: Krähenarten und die Niederjagd (vergriffen)
+ Nr. 18: KLEINSTÄUBER, K.; SCHRÖDER, H.: Der Wanderfalke ist in Gefahr (vergriffen)
+ Nr. 19: CREUTZ, G.: Die Blauracke und ihr Schutz (vergriffen)
+ Nr. 20: BOBACK, A. W.: Wildfütterung (vergriffen)
+ Nr. 21: WUTTKY, K.; LAMSTER, H.: Zur planvollen Bejagung von Muffelwildbeständen (vergriffen)
+ Nr. 22: BRIEDERMANN, L.: Die Altersbestimmung erlegten Schwarzwildes (vergriffen)
+ Nr. 23: BRIEDERMANN, L.: Die Schwarzwildbewirtschaftung in Theorie und Praxis (vergriffen)

Archive

Beiträge zur Entomologie (Chefredakteur: Dr. G. MORGE). 1967 erscheint der 17. Band, je Heft 5,00 MDN (jährlich 4 Doppelhefte)

Zeitschrift für Fischerei NF (Chefredakteur: Prof. Dr. Dr. h. c. H. H. WUNDSCH). 1967 erscheint der 15. Band, je Heft 5,00 MDN (jährlich 10 Hefte)

Archiv für Forstwesen (Chefredakteur: Prof. Dr. E. WAGENKNECHT). 1967 erscheint der 16. Band, je Heft 5,00 MDN (jährlich 12 Hefte)

Archiv für Gartenbau (Chefredakteur: Prof. Dr. Dr. h. c. G. FRIEDRICH). 1967 erscheint der 15. Band, je Heft 5,00 MDN (jährlich 8 Hefte)

Archiv für Geflügelzucht und Kleintierkunde (Chefredakteur: Dr. J. ENGELHARD). 1967 erscheint der 16. Band, je Heft 5,00 MDN (jährlich 6 Hefte)

Albrecht-Thaer-Archiv. Arbeiten aus den Gebieten Bodenkunde, Pflanzenernährung. Acker- und Pflanzenbau (Chefredakteur: Prof. Dr. E. EHWALD). 1967 erscheint der 11. Band, je Heft 5,00 MDN (jährlich 12 Hefte)

Archiv für Tierzucht (Chefredakteur: Prof. Dr. Dr. h. c. W. STAHL). 1967 erscheint der 10. Band, je Heft 5,00 MDN (jährlich 6 Hefte)

Archiv für Landtechnik (Chefredakteur: Prof. Dr. H. HEYDE). 1967 erscheint der 6. Band, je Heft 5,00 MDN (erscheint in zwangloser Folge)

Zeitschrift für Landeskultur. Arbeiten aus den Fachgebieten Meliorationswesen, Grünlandkunde und Landschaftsplanung (Chefredakteur: Prof. Dr. E. WOJAHN). 1967 erscheint der 8. Band, je Heft 5,00 MDN (jährlich 4 Hefte)

Archiv für Naturschutz und Landschaftsforschung (Chefredakteur: Prof. Dr. H. MEUSEL). 1967 erscheint der 7. Band, je Heft 5,00 MDN (jährlich 4 Hefte)

Archiv für Pflanzenschutz (Chefredakteur: Prof. Dr. A. HEY). 1967 erscheint der 3. Band, je Heft 5,00 MDN (jährlich 3 Hefte)

Zeitschriften

Der Deutsche Gartenbau (Chefredakteur: Prof. Dr. Dr. h. c. G. FRIEDRICH). 1967 erscheint der 14. Jahrgang, je Heft 1,50 MDN (monatlich 1 Heft)

Obstbau (Ausgabe der Zeitschrift „Der Deutsche Gartenbau". Fachzeitschrift für Obstbau, Weinbau und Baumschule) (Chefredakteur: Prof. Dr. Dr. h. c. G. FRIEDRICH). 1967 erscheint der 7. Jahrgang, je Heft 1,00 MDN (monatlich 1 Heft)

Nachrichtenblatt für den Deutschen Pflanzenschutzdienst NF (Chefredakteur: Prof. Dr. A. HEY). 1967 erscheint der 21. Jahrgang, je Heft 2,00 MDN (monatlich 1 Heft)

Feldwirtschaft (Chefredakteur: Dr. Hg. STEIKHARDT). 1967 erscheint der 8. Jahrgang, je Heft 1,50 MDN (monatlich 1 Heft)

Tierzucht (Fachzeitschrift für Züchtung, Fütterung und Haltung) (Chefredakteur: Prof. Dr. O. LIEBENBERG). 1967 erscheint der 21. Jahrgang, je Heft 1,50 MDN (monatlich 1 Heft)

Deutsche Fischereizeitung (Fachzeitschrift der Binnenfischerei der Deutschen Demokratischen Republik). Unter Mitwirkung der Deutschen Akademie der Landwirtschaftswissenschaften zu Berlin und der Inspektionsgruppe Viehwirtschaft der Produktionsleitung des Landwirtschaftsrates beim Ministerrat der DDR herausgegeben von Prof. Dr. Dr. h. c. H. H. WUNDSCH (Chefredakteur: Dr. H. MÜLLER). 1967 erscheint der 14. Jahrgang, je Heft 0,90 MDN (monatlich 1 Heft)

Mitteilungsblatt Standardisierung Landwirtschaft (Chefredakteur: Dr. H. LINDNER). 1967 erscheint der 6. Jahrgang (jedes Quartal 1 Heft)

Vom Institut für Landwirtschaftliche Information und Dokumentation Berlin herausgegebene Veröffentlichungen

Landwirtschaftliches Zentralblatt

Abteilung I, Landtechnik, jährlich 9 Hefte, 180,00 MDN; einseitig bedruckt 216,00 MDN. 1967 erscheint der XIII. Jahrgang

Abteilung II, Pflanzliche Produktion, jährlich 12 Hefte, 240,00 MDN; einseitig bedruckt 288,00 MDN. 1967 erscheint der XII. Jahrgang

Abteilung III, Tierzucht – Tierernährung – Fischerei, jährlich 12 Hefte, 240,00 MDN; einseitig bedruckt 288,00 MDN. 1967 erscheint der XII. Jahrgang

Abteilung IV, Veterinärmedizin, jährlich 12 Hefte, 240,00 MDN; einseitig bedruckt 288,00 MDN. 1967 erscheint der XII. Jahrgang

Dokumentationsdienst Agrarökonomik

Jährlich 12 Hefte, je Heft etwa 200 Karten DIN A 6, je Karte 0,07 MDN

Literaturhinweise

Vorausinformation zum Dokumentationsdienst Agrarökonomik
Monatlich 1 Ausgabe mit ca. 180 Literaturhinweisen

Referatekarteien

(jährlich 12 Hefte je Thema)

Pflanzenernährung und Düngung. Je Heft 150 Referate, 11,00 MDN
Futterproduktion einschließlich Grünland. Je Heft 140 Referate, 10,00 MDN
Gemüseproduktion. Je Heft 100 Referate, 7,00 MDN
Zierpflanzenproduktion. Je Heft 70 Referate, 5,00 MDN
Unkrautbekämpfung. Je Heft 50 Referate, 4,00 MDN
Rinderproduktion. Je Heft 170 Referate, 12,00 MDN
Schweineproduktion. Je Heft 80 Referate, 6,00 MDN
Ökonomik Gartenbau. Je Heft 60 Referate, 4,50 MDN
Ökonomik der Landwirtschaftsbetriebe. Je Heft ca. 100 Referate, ca. 7,00 MDN. (In Vorbereitung)

Fortschrittsberichte für die Landwirtschaft

Je Heft 5,— MDN bis Nr. 16/1965
3,— MDN ab Nr. 1/1966

Nr. 1/1963: RASCH, D.; KORIATH, G.; WESSELY, E.-Ch.: Zuchtwertschätzung bei Besamungsbullen. 1. Teil. 1963. 68 S. (vergriffen)
Nr. 2/1963: RASCH, D.; KORIATH, G.; WESSELY, E.-Ch.: Zuchtwertschätzung bei Besamungsbullen. 2. Teil. 1963. 70 S. (vergriffen)
Nr. 3/1963: ROTHE, K.: Entwicklung und Stand der künstlichen Besamung beim Schwein. 1963. 74 S.
Nr. 4/1963: NESENI, R.; FIEDLER, H.: Euter, Milchbildung und Milchhergabe 1. Teil. 1963. 80 S. (vergriffen)
Nr. 5/1963: NESENI, R.: Euter, Milchbildung und Milchhergabe. 2. Teil. 1963. 100 S. (vergriffen)
Nr. 6/1963: MÜHREL, K., u. a.: Stand und Entwicklung des landwirtschaftlichen Transportwesens in der DDR und in anderen Ländern unter besonderer Berücksichtigung der Länder mit sozialistischen Produktionsverhältnissen in der Landwirtschaft. 1963. 71 S. (vergriffen)
Nr. 1/1964: PORZIG, E.: Verhaltensforschung bei Rindern. 1964. 68 S. (vergriffen)
Nr. 2/1964: TEIPEL, R.: Die Mechanisierung der Dränarbeiten. 1964. 74 S. (vergriffen)
Nr. 3/1964: SCHURICHT, R.: Die Verhütung von Frostschäden während der Vegetationszeit durch Heizen, Beregnen und Lufttrübung. 1964. 84 S. (vergriffen)
Nr. 4/1964: FIEDLER, G.: Die Bedeutung der Flüssigdüngung. 1964. 64 S. (vergriffen)
Nr. 5/1964: EICHELBAUM, H.: Entwicklungsstand der Heukompaktierung. 1964. 63 S.
Nr. 6/1964: FIEDLER, W.: Blattanalyse im Obstbau. 1964. 80 S.
Nr. 7/1964: REICHENHEIM, H.; EICHHOLZ, W.: Moderne Produktionsverfahren im Zuckerrübenanbau. 1964. 64 S.
Nr. 8/1964: NESENI, R.: Mineral-, Wirk- und Fremdstoffe der Milch. 1964. 84 S. (vergriffen)
Nr. 9/1964: GÖHLER, F.: Erdelose Kultur von Gemüse. 1964. 59 S. (vergriffen)

Nr. 10/1964: KULLMANN, A.: Verbesserung bodenphysikalischer Eigenschaften, besonders der Bodenstruktur, durch Produkte der chemischen Industrie. 1964. 64 S.

Nr. 11/1964: KOLB, E.: Biochemische und ernährungsphysiologische Aspekte der Entstehung und Prophylaxe der Azetonämie des Rindes. 1964. 37 S.

Nr. 12/1964: GÜRTLER, H.: Biochemische und ernährungsphysiologische Aspekte der Entstehung und Prophylaxe der Gebärparese des Rindes. 1964. 52 S.

Nr. 13/1964: ZSCHAU, K.; FEYERABEND, G.: Anwendung von Herbiziden im Feldgemüsebau. 1964. 62 S. (vergriffen)

Nr. 1/1965: KREUZ, E.: Neuere Forschungsergebnisse im Futter- und Samenbau von Rotklee. 1965. 88 S.

Nr. 2/1965: BURGHAUSEN, R.: Herbizideinsatz im Kartoffelbau. 1965. 70 S. (vergriffen)

Nr. 3/1965: Stand und Entwicklung der Produktion sowie des Einsatzes von industriell erzeugten Mischfuttermitteln in internationaler Sicht. 1965. 34 S.

Nr. 4/1965: KERESZTÉNY, B.: Über die Wirksamkeit der Mehrnährstoffdünger und konzentrierten Mineraldünger. (Übersetzung eines Fortschrittsberichtes aus der VR Ungarn.) 1965. 39 S.

Nr. 5/1965: FLEISCHER, E.: Einstreulose Haltung von Kühen in Kotrostanbindeställen mit Staukanalentmistung und die Ausbringung der Gülle. 1965. 64 S. (vergriffen)

Nr. 6/1965: TRNKA, M.; HACH, V.: System, Organisation und Rolle der Dienstleistungen in der kapitalistischen Landwirtschaft. (Übersetzung eines Fortschrittberichtes aus der ČSSR.) 1965. 70 S.

Nr. 7/1965: LAUENSTEIN, A.; OTTO, G.: Mechanisierung der Obsternte und Obstaufbereitung (Baumobst). 1965. 53 S.

Nr. 8/1965: KREUZ, E.: Neuere Forschungsergebnisse im Futter- und Samenbau von Weißklee und anderen Kleearten. 1965. 68 S.

Nr. 9/1965: Autorenkollektiv: Verluste und Reserven in der landwirtschaftlichen Produktion (in internationaler Sicht). (Übersetzung eines Fortschrittsberichtes aus der ČSSR.) 1965. 68 S. (vergriffen)

Nr. 10/1965: Neuere Ergebnisse über die Ernährung des Geflügels und deren Anwendung bei der Herstellung von Fertigfuttermischungen und Futtergemischen. 1965. 67 S.

Nr. 11/12/1965: BAIL, A.: Die Arbeitsproduktivität im sozialistischen Landwirtschaftsbetrieb. 1965. 96 S.

Nr. 13/1965: SINDELÁROVÁ, J.: Die wichtigsten Tendenzen beim Holzartenbau in Plantagen (Lignikulturen). (Übersetzung eines Fortschrittsberichtes aus der ČSSR.) 1965. 58 S.

Nr. 14/1965: RICHTER, D.: Kalium im Boden und Pflanze. Teil I: Vorkommen und Verhalten des Kaliums in Böden. 1965. 48 S. (vergriffen)

Nr. 15/1965: RICHTER, D.: Kalium in Boden und Pflanze. Teil II: Vorkommen und Verhalten des Kaliums in der Pflanze sowie Probleme der Kalium-Düngung. 1965. 56 S.

Nr. 16/1965: HOFFMANN, Th.; POHLER, H.; SCHÖBERLEIN, W.: Luzernefutter- und Luzernesamenbau. 1965. 64 S.

Nr. 1/1966: STEGER, H.: Nitratspeicherung in der Pflanze und ihre Einflüsse und Auswirkungen auf Leistung und Gesundheit bei Rindern und Schweinen. 1966. 32 S.

Nr. 2/1966: STELLMACHER, W.: Die Bekämpfung von Salmonelleninfektionen bei Tieren, in Nahrungs- und Futtermitteln. 1966. 68 S.

Nr. 3/1966: MÜLLER, M.; KLAMKE, R.: Die Mechanisierung der Arbeiten zur Bereitung und Entnahme von Gärfutter. 1966. 56 S.

Nr. 4/1966: BROŽA, A.: Die Trocknung von Futterpflanzen. (Übersetzung eines Fortschrittsberichtes aus der ČSSR.) 1966. 59 S. (vergriffen)

Nr. 5/1966: Autorenkollektiv: Stand und neueste Erkenntnisse in der Kleintierzucht fortgeschrittener Länder. 1966. 56 S. (vergriffen)

Nr. 6/1966: Autorenkollektiv: Strahlenkrankheit bei Tieren. (Übersetzung eines Fortschrittsberichtes aus der ČSSR.) 1966. 64 S.

Nr. 7/1966: Autorenkollektiv: Epizootologie und Bekämpfung der wichtigsten Tierseuchen in der DDR unter Berücksichtigung der internationalen Situation. Teil I: Rind und Schwein. 1966. 72 S.

Nr. 8/1966: Autorenkollektiv: Epizootologie und Bekämpfung der wichtigsten Tierseuchen in der DDR unter Berücksichtigung der internationalen Situation. Teil II: Geflügel. 1966. 70 S.

Nr. 9/1966: GURDEV, B.; IKONOMOV, B.: Der ökonomische Nutzeffekt der Investitionen für Be- und Entwässerung. (Übersetzung eines Fortschrittsberichtes aus der VR Bulgarien.) 1966. 64 S.

Nr. 10/11/1966: HENNIG, A.: Bedeutung des Zinks in der Tierernährung und speziell bei der Fütterung des Geflügels, der Schweine und der Wiederkäuer. 1966. 106 S.

Nr. 12/1966: BEKE, F.; KISS, A.; LELLEY, J.; RAJKI, R.: Neue Ergebnisse in der Weizenzüchtung. (Übersetzung eines Fortschrittsberichtes aus der VR Ungarn.) 1966. 60 S.

Nr. 13/1966: JÜLICH, L.; MORGENROTH, H.; BLOSSFELD, O.: Gewinnung, Transport und Aufbereitung von Dünnholz. 1966. 72 S.

Nr. 14/1966: FREUDENBERG, G.: Rationeller Wirtschaftswegebau – Stand und Entwicklungstendenzen. 1966.

Nr. 15/1966: SYRINEK, F.: Rationelle Ferkelaufzucht. (Übersetzung eines Fortschrittsberichtes aus der ČSSR.) 1966. 80 S.

Nr. 16/1966: SCHÖNHERR, W.: Die Milchkühlung im Landwirtschaftsbetrieb in internationaler Sicht. 1966. 52 S.

Nr. 17/1966: NESENI, R.; FIEDLER, H.: Euter, Milchbildung und Milchleistung. 1966. 48 S.

Nr. 18/1966: NESENI, R.: Nährstoffe und andere Bestandteile der Milch. 1966. 62 S.

Nr. 19/1966: Autorenkollektiv: Rationalisierung der Forstpflanzenproduktion. Teil I: Bodenfruchtbarkeit, Saatgutvorbehandlung und Pflanzenschutz in Forstbaumschulen. 1966. 77 S.

Nr. 20/1966: SCHINKE, H.: Die Mechanisierung der Räumungsarbeiten an Vorflut- und Binnengräben. 1966. 60 S.

Nr. 1/1967: PORZIG, E.: Verhaltensforschung bei Schweinen. 1967. 76 S.

Nr. 2/3/1967: KULITZSCHER, H.; NEUBERT, P.; LAUE, W.: Probleme der Defoliation bei Kartoffeln und Leguminosen. 1967. 95 S.

Nr. 4/1967: Autorenkollektiv: Gleichzeitige Selektion nach mehreren Merkmalen und deren Anwendung in der Pflanzen- und Tierzüchtung. 1967. 72 S. (vergriffen)

Nr. 5/1967: HAVLIIČEK, J.: Methoden der Ausarbeitung langfristiger Perspektiven der landwirtschaftlichen Produktion in fortgeschrittenen kapitalistischen Ländern. (Übersetzung eines Fortschrittsberichtes aus der ČSSR.) 1967. 42 S.

Nr. 6/1967: LASSOTA, L.: Neue Ergebnisse zu Fragen der Schweinehaltung in großen Produktionseinheiten. (Übersetzung eines Fortschrittsberichtes aus der VR Polen.) 1967. 36 S.

Nr. 7/1967: HEISSNER, A.; FÖRTSCH, Ch.; SAHRMÜLLER, R.: Anwendungsmöglichkeiten der Steuer- und Regeltechnik im Gemüsebau. 1967. (im Druck)

Nr. 8/1967: Autorenkollektiv: Die Pyogenes-Mastitis des Rindes (die sogenannte Holsteinische Euterseuche). 1967. 42 S.

Weitere Hefte in Vorbereitung.
Bestellungen sind zu richten:
ab Nr. 1/1966 an den Buchdienst Berlin, 102 Berlin, Rungestraße 20, Telefon: 27 31 63,
für Hefte aus früheren Jahren an das Institut für Landwirtschaftliche Information und Dokumentation Berlin (ILID), 108 Berlin, Krausenstraße 38/39

Literaturstudien zur Ermittlung des wissenschaftlich-technischen Höchststandes

Je Heft 5,00 MDN

Literaturstudie zur Ermittlung des wissenschaftlich-technischen Höchststandes im Kartoffelanbau. 1963. 78 S. 2. überarbeitete Auflage 1966. 126 S.
Literaturstudie zur Ermittlung des wissenschaftlich-technischen Höchststandes im Zuckerrübenbau. 1963. 84 S. (vergriffen)
Literaturstudie zur Ermittlung des wissenschaftlich-technischen Höchststandes in der Schweinefleischproduktion. 1963. 110 S. 2. überarbeitete Auflage 1966. 52 S.
Literaturstudie zur Ermittlung des wissenschaftlich-technischen Höchststandes in der Rinderproduktion. 1964. 128 S. (vergriffen)
Literaturstudie zur Ermittlung des wissenschaftlich-technischen Höchststandes in der Getreideproduktion. 1966. 143 S.

Landwirtschaftliche Informationen

+ 2mal monatlich mit je 32 S., Jahresabonnement 24,00 MDN

+ Übersichtsinformation für leitende Funktionäre der Landwirtschaft

Veterinärmedizinische Informationen

+ monatlich 1 Heft

Sonstige Veröffentlichungen

+ Dokumentation über die auf dem VI. Parteitag der Sozialistischen Einheitspartei Deutschlands erörterten Probleme und beschlossenen Aufgaben zur Weiterentwicklung der sozialistischen Landwirtschaft unter Berücksichtigung der ersten Auswertungen in Markkleeberg und Karl-Marx-Stadt. 1964. 74 S.
+ Dokumentation über die auf dem XXIII. Parteitag der KPdSU erörterten Probleme und beschlossenen Aufgaben der Landwirtschaft in der UdSSR. 1966. 69 S.
+ Verzeichnis der Neuerwerbungen der Landwirtschaftlichen Zentralbibliothek (Auswahl). Monatlich 1 Heft, Umfang verschieden

Verzeichnis der Bibliographien landwirtschaftlicher Literatur aus dem Bestande der Landwirtschaftlichen Zentralbibliothek (Stand: 31. 12. 1963). 1964 Nr. 1, 55 S. (vergriffen)

Gesamtverzeichnis der laufenden Zeitschriften im Bereich der Deutschen Akademie der Landwirtschaftswissenschaften zu Berlin (Stand: 31. 12. 1964). 1965 Nr. 2, 361 S. - 10,00 MDN

TAUBER, A.; TAUBER, J.: Handbuch der internationalen landwirtschaftlichen Institutionen. 1965. 248 S. - 10,00 MDN

Information über praxisreife Forschungsergebnisse der Agrarwissenschaft der Deutschen Demokratischen Republik. Auszüge aus den Komplexthemenberichten 1964. 1965. 104 S. - 3,00 MDN (vergriffen)

1967

Herausgeber: Deutsche Demokratische Republik
Deutsche Akademie der Landwirtschaftswissenschaften zu Berlin
Druckgenehmigung: Ag 505 / 30 / 67
Druck: Buchdruckerei F. Mitzlaff KG, Rudolstadt V / 14 / 7

Kolibri 360 GmbH
Ferdinand-Jühlke-Straße 7
99095 Erfurt, Deutschland
produktsicherheit@kolibri360.de